C.H.BECK ■ WISSEN

in der Beck'schen Reihe

W0176640

Am 14. Dezember 1900 hielt Max Planck einen Vortrag, der die Physik und ihr Weltbild grundlegend verändern sollte. Planck erörterte darin die Frage, wie es wohl zur spektralen Verteilung des von einem glühenden Körper ausgehenden Lichts komme. Seine spektakuläre Antwort lautete, dass diese Energie keineswegs, wie angenommen, kontinuierlich, sondern in „Päckchen", in Quanten, abgegeben wird. Damit war die Geburtsstunde der Quantenphysik eingeläutet, deren Aussagen und Konsequenzen das bis dahin geltende Weltbild in einer an sich für undenkbar gehaltenen Radikalität revolutionieren sollte.

Obgleich jedoch die Quantenphysik inzwischen die klassische Physik Newtons als Grundlage unseres Verständnisses von der Natur und der ihr zugrundeliegenden physikalischen Gesetze abgelöst hat, fällt es allerdings den meisten von uns außerordentlich schwer, sich mit den Aussagen der Quantenphysik anzufreunden. Was nicht verwundert, scheint diese doch mit den meisten Erfahrungen in unserer „Alltags"-Welt in einem Ausmaß zu kollidieren, dass schon der große Physiker Niels Bohr seufzte: „Wer über die Quantentheorie nicht entsetzt ist, der hat sie nicht verstanden."

Dieses Buch vermittelt einen ebenso kompakten wie sachkundigen Überblick über die wichtigsten Aussagen der Quantenphysik und deren verblüffende Konsequenzen für unser Verständnis der Natur.

Gert-Ludwig Ingold ist Professor für Theoretische Physik an der Universität Augsburg und beschäftigt sich hauptsächlich mit quantenmechanischen Fragestellungen.

Gert-Ludwig Ingold

QUANTENTHEORIE

Grundlagen der modernen Physik

Verlag C. H. Beck

Mit 28 Abbildungen und 1 Tabelle

1. Auflage. 2002
2., aktualisierte Auflage. 2003
3., aktualisierte Auflage. 2005

4. Auflage. 2008

Originalausgabe
© Verlag C. H. Beck oHG, München 2002
Gesamtherstellung: Druckerei C. H. Beck, Nördlingen
Umschlagentwurf: Uwe Göbel, München
Printed in Germany
ISBN 978 3 406 47986 1

www.beck.de

Inhalt

1. Einleitung

Ohne Quantentheorie ist das zwanzigste Jahrhundert, wie es nun hinter uns liegt, kaum vorstellbar. Zu Beginn des Jahrhunderts schufen die größten Physiker dieser Zeit die Grundlagen für ein modernes Verständnis atomarer Vorgänge und revolutionierten dabei unser Weltbild. Die Bedeutung dieser Theorie ist jedoch keineswegs auf den mikroskopischen Bereich beschränkt, sondern reicht bis in unsere Alltagswelt hinein, auch wenn uns das häufig überhaupt nicht bewusst wird. Schon die Stabilität des Sessels, in dem Sie vielleicht gerade sitzen, lässt sich ohne Quantenphysik nicht verstehen.

Der Laser, ein Produkt der Quantenoptik, befindet sich heute nicht nur in jedem CD-Spieler, sondern wird auf vielfältige Weise, zum Beispiel in der Materialbearbeitung, eingesetzt. Seine Verwendung in der Augenmedizin ist schon Routine geworden und vielleicht wird er eines Tages den lästigen Zahnarztbohrer ersetzen können.

Die auf der Quantentheorie basierende Festkörperphysik ermöglichte erst die Entwicklung des Transistors und damit die Realisierung moderner Computer. Ohne sie hätte wohl noch kein Mensch einen Fuß auf den Mond gesetzt und das Informationszeitalter wäre noch nicht angebrochen.

Eine der folgenschwersten Entwicklungen des zwanzigsten Jahrhunderts, die Atombombe, ist eng mit der Untersuchung des Verhaltens von Atomkernen verknüpft, bei dem die Quantenphysik eine zentrale Rolle spielt. Die Kernphysik erklärt uns aber auch, wie die Energieproduktion in der Sonne abläuft, ohne die Leben auf der Erde unmöglich wäre.

Die Quantentheorie bildet die Grundlage der gesamten Chemie bis hin zur Molekularbiologie, denn nur sie kann die Mechanismen erklären, die Atome zu Molekülen zusammenbinden. Wichtige Schritte bei der Photosynthese, die den Pflanzen die Gewinnung von Energie aus Sonnenlicht ermöglicht, basieren auf Quanteneffekten.

Archäologen verwenden den radioaktiven Zerfall zur Datierung, in der Medizin kommt der Kernspintomograph zum Einsatz; die Liste ließe sich fast beliebig fortsetzen. In Kapitel 4 werden wir uns ansehen, wie Atomuhren arbeiten, die uns mit präzisen Zeitsignalen versorgen.

Diese Anwendungen und hundert Jahre Erfahrung mit Quantenphänomenen aller Art zeigen, dass wir uns auf die Quantentheorie verlassen können. Manche im Laufe der Menschheitsgeschichte lieb gewonnene Vorstellung hat in der Quantenwelt jedoch keine Gültigkeit mehr.

So ist das Konzept einer Bahn, entlang der sich ein Objekt bewegt, in der Quantentheorie nicht mehr haltbar. Dies mag manch einen irritieren, da die Vorstellung von der Existenz einer Bahn eigentlich überlebenswichtig ist. Genauso wie der jagende Steinzeitmensch die Bahn seiner Beute vorhersehen musste, um erfolgreich zu sein, so müssen wir heute in der Lage sein, die Bahn der Autos im Straßenverkehr um uns herum vorherzusehen. Das setzt natürlich zunächst voraus, dass diese Bahn überhaupt existiert. Allerdings gibt es keinen Grund, warum Erfahrungen aus der Alltagswelt im atomaren Bereich unverändert gelten sollten.

Mit der Quantentheorie hat auch ein gewisses Maß an Unbestimmtheit Einzug in die Physik gehalten. Noch im 19. Jahrhundert hatte man gedacht, dass sich die Entwicklung eines physikalischen Systems zumindest im Prinzip genau vorhersagen lässt. In der Quantentheorie ist dagegen der Ausgang einer Messung im Allgemeinen nicht mit Sicherheit vorhersagbar. Dies bedeutet allerdings keineswegs, dass nun dem Zufall Tür und Tor geöffnet wäre. Die Physik liefert weiterhin klare Aussagen, die sich experimentell überprüfen lassen.

Auch wenn die Abkehr vom klassischen Denken schwer fallen mag, so liegt hierin doch eine Herausforderung, die zum Reiz der Beschäftigung mit der Quantentheorie beiträgt. Daraus ergeben sich auch verschiedene Fragestellungen metaphysischer oder philosophischer Natur. In diesem Band wollen wir uns allerdings auf die Aspekte der Quantentheorie konzentrieren, die im physikalischen Experiment überprüft werden können.

Vor allem im frühen 20. Jahrhundert gab das Ringen um die neue Theorie Anlass zu zahllosen Diskussionen, darunter so berühmten wie zwischen Niels Bohr und Albert Einstein. Dabei wurde eine ganze Reihe von Gedankenexperimenten entwickelt, also Experimente, die im Prinzip durchführbar sind, in erster Linie aber zum Nachdenken über bestimmte Fragen hilfreich sein sollten. Manche dieser Gedankenexperimente, wie zum Beispiel das Katzenparadoxon von Schrödinger, haben es zu einiger Bekanntheit gebracht. Dennoch handelte es sich lange Zeit eben um Gedankenexperimente. Gerade in jüngerer Zeit ist es nun gelungen, einige dieser Experimente zu realisieren, wie wir in den Kapiteln 6–8 sehen werden. Die Beschäftigung mit grundlegenden Aspekten der Quantentheorie ist damit wieder ein spannendes Thema geworden.

Es gibt also eine Reihe guter Gründe, sich mit der Quantenphysik zu beschäftigen. Doch bevor wir uns auf die Entdeckungsreise in die Welt der Quanten begeben, möchte ich es nicht versäumen, mich bei zwei Forschern des Laboratoire Kastler Brossel in Paris zu bedanken. Astrid Lambrecht hat trotz anderweitiger Verpflichtungen die Zeit gefunden, eine Version des Manuskripts zu lesen. Ihre hilfreichen Kommentare sind in dieses Buch eingeflossen. Serge Haroche hat freundlicherweise der Verwendung von Daten aus seiner Arbeitsgruppe in den Abbildungen 12, 25 und 28 zugestimmt.

2. Das Markenzeichen der Quantentheorie

Oklo (Gabun), vor fast zwei Milliarden Jahren, ein unterirdisches Uranvorkommen. Wasser dringt ein. Die beim Zerfall von Uran-235-Kernen freigesetzten Neutronen werden durch das Wasser abgebremst, eine Kettenreaktion kommt in Gang. Einige hunderttausend Jahre lang läuft ein Kernreaktor unter dem afrikanischen Kontinent.

Pierrelatte im Departement Drôme (Frankreich), 1972, in einer Urananreicherungsanlage. Bei der Analyse von Gesteinsmaterial aus den Minen von Gabun bemerkt ein Techniker, dass die Proben eine ungewöhnliche Zusammensetzung aufweisen. Es dauert nicht lange, bis die Ursache klar wird, das Geheimnis von Oklo war gelüftet. Zwar hatte Enrico Fermi dreißig Jahre zuvor in Chicago den ersten von Menschenhand geschaffenen Kernreaktor in Betrieb genommen, die Natur war ihm aber um Längen zuvorgekommen.

Die prähistorischen Reaktoren in Oklo und dem benachbarten Bangombé sind trotz ihrer Einzigartigkeit heute durch Uranabbau fast vollständig zerstört. Dabei eröffnen sie die seltene Gelegenheit zu studieren, wie sich bestimmte physikalische Vorgänge vor zwei Milliarden Jahren abgespielt haben. Warum aber kann es für den Physiker überhaupt interessant sein, so weit in die Vergangenheit zurück zu blicken?

2.1 Sind Naturkonstanten eigentlich konstant?

Ziel physikalischer Forschung ist es, eine richtige Beschreibung von Vorgängen in der unbelebten Natur zu entwickeln. Lassen sich experimentelle Beobachtungen nicht erklären oder stehen sie im Widerspruch zu theoretischen Vorhersagen, so gibt es Handlungsbedarf. Bestehende Theorien müssen dann korrigiert oder erweitert werden. Gelegentlich kann es sogar notwendig sein, eine Theorie von Grund auf neu zu entwickeln. Genau dies war zu Beginn des 20. Jahrhunderts der Fall, als sich experimentelle Befunde mehrten, die sich mit den bekannten Theorien nicht beschreiben ließen. Es bedurfte des Zusammenwirkens der brillantesten Physiker dieser Zeit, um innerhalb von 25 Jahren die Quantentheorie zu schaffen, von der in diesem Buch die Rede sein soll.

Eine physikalische Theorie soll uns jedoch nicht nur heute eine richtige Beschreibung der Natur liefern. Sie hat ihren Nutzen vor allem darin, dass sie auch in der Zukunft gültig ist und es uns damit erlaubt, Vorhersagen zu machen. Es lohnt sich aber auch, Beobachtung und Theorie in der Vergangenheit zu vergleichen, und sei es vor zwei Milliarden Jahren oder noch früher. Passt alles, so wird dies das Vertrauen in die Richtigkeit der Theorie stärken. Diskrepanzen deuten dagegen darauf hin, dass es noch etwas zu verstehen gilt.

Die Informationen aus der Vergangenheit sind natürlich begrenzt. Aus den Überresten der natürlichen Reaktoren von Oklo können wir aber zum Beispiel wertvolle Informationen über den früheren Wert bestimmter Naturkonstanten gewinnen. Dabei handelt es sich um fundamentale Größen, deren Wert sich, zumindest bis heute, nicht aus einer Theorie berechnen läßt. Naturkonstanten sind häufig charakteristisch für eine bestimmte Art von Phänomenen oder auch eine physikalische Theorie.

Ein Beispiel für eine Naturkonstante ist die Lichtgeschwindigkeit, also die Geschwindigkeit, mit der sich elektromagnetische Wellen wie Licht oder Radiowellen im Vakuum ausbreiten. Bereits Galileo Galilei hatte einen Versuch zur Messung der Geschwindigkeit von Licht angestellt, der jedoch nicht von Erfolg gekrönt war. Im Jahre 1676 bestimmte Olaf Römer durch Beobachtung der Monde des Planeten Jupiter zum ersten Mal einen, wenn auch nicht sehr präzisen Wert für die Lichtgeschwindigkeit. Gegen Ende des 19. Jahrhunderts sorgten die Experimente von Albert Abraham Michelson und Edward William Morley für Aufsehen, die nachwiesen, dass die Lichtgeschwindigkeit unabhängig von der Geschwindigkeit des Bezugssystems ist.

Normalerweise addieren sich Geschwindigkeiten. Beobachten wir zum Beispiel vom Ufer aus einen Schwimmer in einem

Fluss. Die Geschwindigkeit, mit der sich der Schwimmer an uns vorbeibewegt, ergibt sich dann aus zwei Beiträgen. Zur Geschwindigkeit des Schwimmers im Wasser kommt noch die Fließgeschwindigkeit des Flusses hinzu. Ähnliches würde man auch für die Geschwindigkeit von Licht erwarten, das vom Scheinwerfer eines fahrenden Autos abgestrahlt wird. Das Ergebnis von Michelson und Morley widerspricht dieser Vermutung: Unabhängig von der Geschwindigkeit des Autos ist die Geschwindigkeit des abgestrahlten Lichts immer gleich groß.

Eine Erklärung hierfür lieferte zu Beginn des 20. Jahrhunderts Albert Einstein mit seiner speziellen Relativitätstheorie. Die Lichtgeschwindigkeit spielt hierbei eine zentrale Rolle. Nur wenn Geschwindigkeiten viel kleiner sind als die Lichtgeschwindigkeit, dürfen wir die uns aus dem Alltagsleben vertraute Mechanik verwenden. Ansonsten muss die spezielle Relativitätstheorie verwendet werden, die somit die umfassendere Theorie darstellt.

Eine andere wichtige Naturkonstante ist die Elementarladung, deren Geschichte unter anderem mit dem berühmten Millikanschen Öltröpfchenversuch verknüpft ist. Alle uns heute bekannten Elementarteilchen tragen als Ladung ein ganzzahliges Vielfaches der Elementarladung und nur bei den Quarks, noch elementareren Bausteinen der Materie, muss von Ladungen ausgegangen werden, die ein oder zwei Drittel der Elementarladung betragen. Die Elementarladung kommt immer dann ins Spiel, wenn es um die elektromagnetische Wechselwirkung, zum Beispiel die Abstoßung zwischen zwei Elektronen, geht. Die Entwicklung der klassischen Theorie der Dynamik von Ladungen und ihrer Wechselwirkungen, die so genannte Elektrodynamik, kam im 19. Jahrhundert vor allem durch die maßgeblichen Beiträge von James Clerk Maxwell zu einem Abschluss.

Es gibt keine Hinweise darauf, dass die beiden genannten und auch andere Naturkonstanten sich auf Zeitskalen von Jahren oder auch Hunderten von Jahren ändern. Es ist daher verführerisch anzunehmen, dass diese Größen schon immer den gleichen Wert hatten wie heute. Experimentelle Belege hierfür zu finden, ist meistens sehr schwierig. Es gibt jedoch Ausnahmen.

Die prähistorischen Reaktoren von Oklo und Bangombé erlauben es uns, den Wert zu bestimmen, den die Feinstrukturkonstante vor zwei Milliarden Jahren hatte. Diese Naturkonstante wurde erst 1915 von Arnold Sommerfeld im Zusammenhang mit quantentheoretischen Überlegungen zum Wasserstoffatom eingeführt. Der Wert der Feinstrukturkonstanten beträgt etwa $^1/_{137}$. Sie ist jedoch auf zehn Stellen genau bekannt. Um Ähnliches beim Erdumfang zu erreichen, müsste man diesen auf ein paar Millimeter genau vermessen. Die enorme Präzision, mit der man die Feinstrukturkonstante kennt, ermöglicht es, dass die Quantenelektrodynamik, also die Quantentheorie der elektromagnetischen Wechselwirkung, die am besten überprüfte physikalische Theorie ist.

Um die Wichtigkeit der Feinstrukturkonstante in der Physik zu testen, genügt es übrigens, gegenüber einem Physiker die Zahl 137 zu erwähnen. Ein Mathematiker mag dabei vielleicht an Primzahlen denken, einem Physiker wird sicherlich sofort die Feinstrukturkonstante einfallen.

Wie steht es nun um die Konstanz der Feinstrukturkonstanten? Eine Analyse der prähistorischen Daten von Oklo zeigt beruhigenderweise, dass ihr Wert vor zwei Milliarden Jahren der gleiche war wie heute. Mehr über die Vergangenheit der Feinstrukturkonstanten lässt sich mit Hilfe von Quasaren erfahren. Diese astronomischen Objekte sind aufgrund ihrer großen Entfernung von der Erde sehr gut geeignet, um noch weiter in die Vergangenheit zu schauen. Dabei zeigen neuere Analysen zwar im Wesentlichen keine Hinweise auf eine zeitliche Veränderung der Feinstrukturkonstanten. Allerdings gibt es einen bestimmten Zeitbereich, in dem die experimentellen Daten nicht mit einer konstanten Feinstrukturkonstanten in Einklang sind. Wie ernst diese Abweichungen zu nehmen sind, bleibt zum gegenwärtigen Zeitpunkt abzuwarten.

Die Feinstrukturkonstante, deren Vergangenheit wir so gut kennen, ist eigentlich eine Kombination von drei anderen

Naturkonstanten. Zwei von ihnen haben wir schon kennen gelernt: die Lichtgeschwindigkeit und die Elementarladung. Der dritte Bestandteil war am Ende des 19. Jahrhunderts noch vollkommen unbekannt, als viele schon der Meinung waren, die Physik sei praktisch abgeschlossen und es gäbe nichts wesentlich Neues mehr zu entdecken. So wurde es 1874 auch dem damals sechzehnjährigen Max Planck gesagt, der Rat bei der Wahl eines Studienfaches suchte. Letztendlich entschied er sich doch gegen Musik und Altphilologie und nahm das Studium der Physik auf, eine gute Wahl, wie wir bald sehen werden. Denn es gab noch ein paar ungelöste Probleme ...

2.2 Ein heißes Eisen und die Anfänge der Quantentheorie

Erhitzt man ein Stück Eisen stark genug, so wird es rot glühend. Entsprechend sendet es im sichtbaren Bereich vor allem rotes Licht aus. Hinzu kommt noch die Infrarotstrahlung, die wir wegen ihrer kleineren Frequenz zwar nicht mehr sehen können, aber dennoch als Wärmestrahlung wahrnehmen. Es wird also Strahlung in einem ganzen Frequenzbereich abgegeben. Erhitzen wir das Metall weiter, so verschiebt sich dieser Bereich in Richtung blau, also zu größeren Frequenzen hin. Schließlich wird das gesamte sichtbare Spektrum abgedeckt. Alle Regenbogenfarben ergeben zusammengenommen weiß, wir haben das Metall zur Weißglut gebracht.

Dieses lange bekannte Phänomen wurde von Physikern genauestens untersucht, seit Gustav Kirchhoff 1859 erkannt hatte, dass die Wärmestrahlung, die von einem ideal schwarzen Körper abgegeben wird, universell ist. Sie hängt also nicht von den speziellen Eigenschaften des verwendeten Materials ab, sondern einzig und allein von dessen Temperatur sowie der Frequenz der Strahlung.

Ein schwarzer Körper zeichnet sich dadurch aus, dass er alles Licht, das auf ihn fällt, absorbiert, anstatt es zu reflektieren. Einen solchen Körper zu realisieren, scheint vielleicht auf den ersten Blick nicht ganz einfach zu sein. Wie man seit 1895

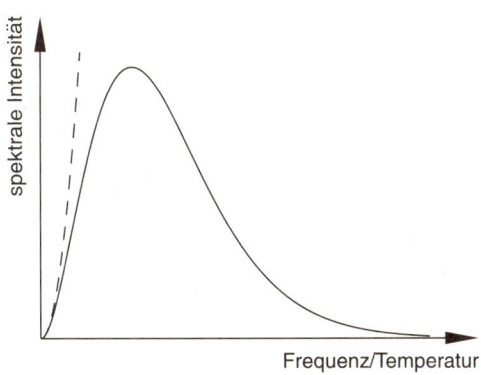

Abb. 1: Das von einem schwarzen Körper abgestrahlte Licht besitzt ein Intensitätsmaximum, das sich mit steigender Temperatur zu größeren Frequenzen hin verschiebt. Die Vorhersage der klassischen Physik (gestrichelte Linie) kann dieses Maximum nicht erklären.

weiß, genügt es jedoch, einen Hohlkörper zu nehmen und diesen mit einem winzigen Loch zu versehen. Das Loch erlaubt es einerseits, die im Hohlraum vorhandene Wärmestrahlung zu beobachten. Andererseits würde das Licht, das durch das Loch in den Hohlraum fällt, erst nach sehr vielen Reflexionen wieder nach außen gelangen, sodass es in Wirklichkeit vorher an der inneren Wand absorbiert wird.

Misst man die Intensität der Strahlung im Hohlraum als Funktion der Frequenz, so erhält man die in Abbildung 1 als durchgezogene Linie gezeigte Kurve. Klar ist das Maximum der Intensität zu erkennen. Da auf der Abszisse das Verhältnis von Frequenz zu Temperatur aufgetragen ist, folgt, dass mit einer Erhöhung der Temperatur eine Erhöhung der Frequenz des Intensitätsmaximums verknüpft ist. Dies ist in Einklang mit der eingangs beschriebenen Alltagserfahrung.

Allerdings ist es mit Mitteln der klassischen Physik nicht möglich, das Intensitätsmaximum zu erklären. Am Ende des 19. Jahrhunderts war man zum Beispiel durchaus in der Lage, das Verhalten bei kleinen Frequenzen zu erklären. Die theoretische Vorhersage ist im linken Teil der Abbildung 1 durch eine gestrichelte Linie angedeutet. Nimmt man dieses Resultat aber ernst, so bedeutet es, dass mit steigender Frequenz die Intensität der abgegebenen Strahlung immer mehr zunimmt. In der Summe aller Frequenzen hätte dies die katastrophale Konsequenz, dass in einem schwarzen Körper endlicher Größe unendlich viel Energie vorhanden wäre. Erst wenn die Intensität bei großen Frequenzen wieder abnimmt, kann die Energie des schwarzen Körpers endlich sein. Es ist daher wichtig, das Maximum in Abbildung 1 erklären zu können.

Das 20. Jahrhundert hatte jedoch kaum begonnen, als Max Planck, inzwischen Professor in Berlin, den Weg zum Verständnis der Schwarzkörperstrahlung wies. Damit war eine Entwicklung angestoßen, deren Konsequenzen weit über die Erklärung eines speziellen physikalischen Phänomens hinausreichen und das Jahrhundert prägen sollten.

2.3 Winzig, aber wichtig: das Plancksche Wirkungsquant

In zwei Vorträgen vor der Deutschen Physikalischen Gesellschaft in Berlin am 19. Oktober und 14. Dezember 1900 schlägt Max Planck eine Formel vor, die die Intensitätsverteilung der Strahlung eines schwarzen Körpers beschreiben soll. Noch in der Nacht nach dem ersten der beiden Vorträge unterzieht Heinrich Rubens Plancks Formel einem genauen Vergleich mit seinen Messergebnissen und stellt eine befriedigende Übereinstimmung fest, wie er Planck am nächsten Morgen berichtet. Tatsächlich ist die neue Formel besser als alle anderen, die bisher vorgeschlagen worden waren.

Heute wird oft jener 14. Dezember 1900 als Geburtsstunde der Quantentheorie angesehen, auch wenn zu diesem Zeitpunkt keinem der Zuhörer die Tragweite des Ereignisses wirklich bewusst wird. Plancks Idee ist eigentlich nicht sehr plausibel. Er nimmt an, dass die Energie einer Lichtwelle nur ganzzahlige Vielfache eines Energiequants betragen kann. Dieses Quant soll sich aus dem Produkt aus der Lichtfrequenz und einer Konstanten ergeben, die Planck mit dem Buchstaben h abkürzt.

Statt von der Frequenz sollte die Energie einer Welle aber eigentlich von der Schwingungsamplitude abhängen. Je höher zum Beispiel eine Meereswelle ist, desto größer ist ihre Energie und Entsprechendes erwartet man für eine Lichtwelle. Außerdem sollte die Energie beliebige Werte annehmen können, da auch die Amplitude einer Welle im Prinzip beliebig ist.

Aus der Sicht der klassischen Physik ist die Energiequantelung also recht merkwürdig. Planck selbst sieht sie als eine formale Annahme, die er nur macht, um, koste es was es wolle, eine Beschreibung der Intensitätsverteilung für die Strahlung des schwarzen Körpers zu bekommen. Später spricht er sogar von einem Akt der Verzweiflung. Wie die Entwicklung der folgenden 25 Jahre zeigte, lag Planck mit seiner Idee allerdings goldrichtig. Die Einführung der Konstanten h, die wir heute Plancksches Wirkungsquant nennen, und der Energiequantelung legten tatsächlich die Grundlage für die Quantentheorie mit Konsequenzen, die weit über das Verständnis des schwarzen Körpers hinausreichten.

Das Plancksche Wirkungsquant spielt eine zentrale Rolle in der Quantentheorie und verdient daher noch etwas unser Interesse. Wie kommt es eigentlich zu seinem Namen, was ist also eine Wirkung? Es handelt sich hier um ein Konzept der klassischen Mechanik, das aus dem 19. Jahrhundert stammt, einer Zeit, in der man noch nichts von der Quantentheorie ahnte. William Rowan Hamilton stellte das Prinzip der extremalen Wirkung an den Ausgangspunkt der Mechanik. Solche Prinzipien sind uns in abgewandelter Form durchaus aus dem täglichen Leben bekannt.

Sucht man sich eine Fahrstrecke aus, um von einem Ort zu einem anderen zu kommen, so wird man häufig etwas anwenden, das man als Prinzip der extremalen Zeitdauer bezeichnen könnte. Die gewählte Strecke zeichnet sich dann dadurch aus, dass die Fahrzeit so kurz wie möglich ist – oder möglichst lang, wenn man sein Ziel gar nicht wirklich erreichen will. Natürlich sind andere Prinzipien möglich, wie zum Beispiel das Prinzip des geringsten Benzinverbrauchs.

Das Prinzip der extremalen Zeitdauer eignet sich jedoch

nicht, um zum Beispiel die Flugbahn eines Balls zu bestimmen. Hamilton erkannte, dass hierfür eben das Prinzip der extremalen Wirkung taugt, das nicht nur die Bewegung eines Balls, sondern jede Bewegung von Körpern bestimmt und damit als Ausgangspunkt der ganzen Mechanik dienen kann. Die Wirkung ist eine relativ abstrakte Größe, die sich durch Aufsummieren des Impulses, also des Produkts aus Masse und Geschwindigkeit eines Körpers, entlang der Bahn ergibt. Die Bedeutung einer Wirkung wird vielleicht anschaulicher, wenn man bedenkt, dass die Wirkung so etwas wie eine Arbeit mal Zeit ist, ganz im Gegensatz zur Leistung, die Arbeit pro Zeit ist.

Schließlich kann man sich noch die Frage stellen, warum man so lange nichts vom Planckschen Wirkungsquant wusste. Das liegt daran, dass diese Größe klein, geradezu unvorstellbar klein ist. Um dies zu verdeutlichen, vergleichen wir das Wirkungsquant mit der Wirkung einiger Bewegungen. Berechnet man beispielsweise die Wirkung für die Bewegung der Erde um die Sonne, so findet man, dass diese um einen riesigen Faktor, nämlich eine Eins mit 74 Nullen, größer ist als das Wirkungsquant. Auf astronomischen Maßstäben ist Letzteres also viel zu klein, um eine Rolle spielen zu können. Die Situation ist nicht wesentlich anders, wenn man auf etwas alltäglicheren Skalen beispielsweise die Schwingung eines Uhrpendels betrachtet.

Dies erklärt, warum man so lange ohne das Plancksche Wirkungsquant auskam. Es ist so klein, dass man meistens so tun kann, als wäre es Null. Man muss schon in den atomaren Bereich gehen, um Wirkungen in der Größenordnung des Planckschen Wirkungsquants zu finden. Stellen wir uns für den Moment einmal das Wasserstoffatom (fälschlicherweise, wie wir später noch sehen werden) als kleines Planetensystem vor, in dem das Elektron um das viel schwerere Proton kreist. Die möglichen Bewegungen dieses Systems sind dadurch bestimmt, dass die zugehörige Wirkung ein ganzzahliges Vielfaches des Planckschen Wirkungsquants ist. Der Zustand niedrigster Energie, der so genannte Grundzustand, ist dabei durch eine Wirkung charakterisiert, die gerade gleich dem Wirkungsquant ist.

Mit dem Planckschen Wirkungsquant haben wir die dritte Naturkonstante gefunden, die in der Feinstrukturkonstanten vorkommt. Das Wirkungsquant spielt die Rolle eines Markenzeichens der Quantentheorie. Immer dann, wenn es auftaucht, kann es sich nicht mehr um klassische Physik handeln, sondern nur noch um Quantentheorie.

Gleichzeitig legt das Plancksche Wirkungsquant den Bereich fest, in dem eine klassische Beschreibung nicht mehr möglich ist und durch eine quantentheoretische Beschreibung ersetzt werden muss. Dies ist, wie wir gerade gesehen haben, vorwiegend im atomaren Bereich der Fall. Das bedeutet jedoch keineswegs, dass diese Art von Physik im Alltagsleben unwichtig wäre. In unserer von der Mikroelektronik geprägten Zeit muss man sich nur vergegenwärtigen, dass die Entwicklung des Transistors und damit von Computerchips ohne Quantentheorie undenkbar gewesen wäre.

3. Welle oder Teilchen?

Thomas Young, am 16. Juni 1773 in Südengland geboren, war so etwas wie ein Wunderkind. Im Alter von vier Jahren hatte er die Bibel bereits zweimal gelesen. Bald begann er, Latein zu lernen, und als Jugendlicher hatte er Bibelauszüge in dreizehn verschiedenen Sprachen niedergeschrieben, unter anderem in Latein, Griechisch und Hebräisch, aber auch in Äthiopisch, Arabisch, Chaldäisch und Türkisch. Nach dem Studium der Medizin in London, Edinburgh, Göttingen und Cambridge ließ sich Young 1799 in London als Arzt nieder.

Im gleichen Jahr fanden napoleonische Truppen im Nildelta einen Basaltklotz, den wir heute als Stein von Rosetta kennen. Die Bedeutung dieses Steines, der neben einer Inschrift in Hieroglyphen auch deren Übersetzung in Demotisch und Griechisch enthält, wurde von den Franzosen schnell erkannt. Mit der französischen Kapitulation ging der Stein jedoch in britischen Besitz über und gelangte so schließlich in das Britische Museum in London, wo er sich noch heute befindet.

Zwölf Jahre nachdem der Stein in England eingetroffen war, begann sich Thomas Young für ihn zu interessieren. Tatsächlich gelangen ihm erste wichtige Schritte zur Entzifferung der Hieroglyphen, wobei ihm seine umfangreichen Sprachkenntnisse sicher hilfreich waren. Eine vollständige Übersetzung blieb allerdings dem Franzosen Jean-François Champollion vorbehalten.

Thomas Young interessierte sich nicht nur für Hieroglyphen. Im Rahmen seiner medizinischen Studien hatte er sich mit der menschlichen Stimme und der Funktionsweise des Auges beschäftigt. Dies motivierte ihn, auch über Fragen der Schallausbreitung und ab 1801 über die Natur von Licht nachzudenken. Obwohl seine Überlegungen maßgeblich zum Verständnis von Licht im 19. Jahrhundert beitrugen, erntete er zunächst vor allem Kritik. Nicht unwesentlich war dabei, dass Youngs Ideen denen des großen englischen Physikers Isaac Newton widersprachen, der 130 Jahre zuvor über Fragen der

Optik und die Natur des Lichts nachgedacht hatte. Wieder kam der Durchbruch erst mit den Arbeiten eines Franzosen, Augustin Jean Fresnel.

3.1 Licht – Welle oder Teilchen?

Was ist Licht? Diese Frage hat bereits die alten Griechen beschäftigt. Gibt es Lichtteilchen oder muss man sich Licht eher wie eine Welle ähnlich einer Schallwelle vorstellen? Für beide Sichtweisen kann man Argumente finden. Auch im 17. Jahrhundert wurde die Frage kontrovers diskutiert. Lassen wir zwei der Protagonisten zu Wort kommen.

Ein Vertreter der Vorstellung, Licht bestehe aus Teilchen, war kein Geringerer als Isaac Newton. In seinem dritten Buch über Optik formuliert er eine Reihe von Fragen und schreibt unter anderem in der Frage 29: „Bestehen nicht die Lichtstrahlen aus sehr kleinen Körpern, die von den leuchtenden Substanzen ausgesandt werden? Denn solche Körper werden sich durch ein gleichförmiges Medium in geraden Linien fortbewegen, ohne in den Schatten auszubiegen, wie es eben die Natur der Lichtstrahlen ist."[1]

Der 14 Jahre ältere Christiaan Huyghens dagegen fasste Licht als eine Wellenerscheinung auf. In seinem *Traité de la Lumière*, der Abhandlung über das Licht, führt er aus: „Wenn man ferner die ausserordentliche Geschwindigkeit, mit welcher das Licht sich nach allen Richtungen hin ausbreitet, beachtet und erwägt, dass, wenn es von verschiedenen, ja selbst von entgegengesetzten Stellen herkommt, die Strahlen sich einander durchdringen, ohne sich zu hindern, so begreift man wohl, dass, wenn wir einen leuchtenden Gegenstand sehen, dies nicht durch die Uebertragung einer Materie geschehen kann, welche von diesem Objecte bis zu uns gelangt, wie etwa ein Geschoss oder ein Pfeil die Luft durchfliegt; denn dies widerstreitet doch zu sehr diesen beiden Eigenschaften des Lichtes und besonders der letzteren. Es muss sich demnach auf eine andere Weise ausbreiten, und gerade die Kenntniss, welche wir von der Fortpflanzung des

Schalles in der Luft besitzen, kann uns dazu führen, sie zu verstehen."[2]

Huyghens nutzt die Analogie mit der Schallausbreitung, ist sich aber auch der Unterschiede zwischen Schall- und Lichtausbreitung wohlbewusst. So stellt er beispielsweise fest, dass die Luft nicht als Medium der Lichtausbreitung dienen kann. Einer der großen Erfolge seines Zuganges war die Erklärung der Doppelbrechung von Licht an Flussspatkristallen.

Die Diskussion ging zunächst zugunsten von Newton aus, der unter den Fachkollegen das größte Ansehen genoss. So nahm man etwa 150 Jahre lang die Existenz von Lichtteilchen an. Zu Beginn des 19. Jahrhunderts verfolgten zunächst Young und dann Fresnel die Idee, an optische Phänomene mit Hilfe des Konzepts der Interferenz heranzugehen. Dies bedeutete eine Abkehr vom Teilchenbild, da es hier um die Überlagerung von Wellen geht. Interferenz spielt nicht nur bei Licht eine Rolle, sondern kann beispielsweise beim Empfang von Rundfunksignalen als Brummen oder Pfeifen störend in Erscheinung treten. Auch bei Wasserwellen tritt Interferenz auf, wie wir im nächsten Abschnitt sehen werden.

Unter der Annahme von Lichtwellen ließen sich nun viele optische Phänomene auf viel einfachere und natürlichere Weise erklären, als dies unter der Annahme von Lichtteilchen möglich gewesen wäre. Die Vorstellung von Lichtteilchen wurde daher von der Idee der Lichtwellen abgelöst, auch wenn dies durchaus einige Zeit dauerte, wie Thomas Young zu seiner Enttäuschung feststellen musste.

Es kommt in der Physik immer wieder vor, dass alte Theorien durch neue, bessere Theorien ersetzt werden. Ein anderes Beispiel ist die Beschreibung der Planetenbewegung durch Zyklen und Epizyklen, die im Laufe der Zeit immer ausgereifter, aber auch immer komplizierter wurde. Das Ende der Epizyklen war gekommen, als es gelang, ausgehend von wenigen Grundannahmen eine Theorie aller mechanischen Phänomene aufzustellen, die eben unter anderem auch in der Lage war, die Planetenbewegung zu beschreiben. Der Name Isaac Newtons ist untrennbar mit diesem Erfolg verknüpft.

Im Laufe des 19. Jahrhunderts setzte sich also das Wellenbild von Licht durch. Der Höhepunkt war erreicht, als James Clerk Maxwell mit den nach ihm benannten Gleichungen eine solide theoretische Basis für die Beschreibung elektrischer und magnetischer Erscheinungen schuf. Aus den Maxwellschen Gleichungen ergibt sich die Existenz von elektromagnetischen Wellen, zu denen neben Radiowellen und Mikrowellen eben auch Licht gehört.

Obwohl die Maxwellschen Gleichungen schon wohlbekannt waren, entzündete sich die Diskussion über Welle oder Teilchen erneut an den Strahlen, die Wilhelm Conrad Röntgen am Abend des 8. November 1895 in Würzburg entdeckte und die heute seinen Namen tragen. Da es zunächst nicht gelang, Interferenz von Röntgenstrahlen zu demonstrieren, war die Natur dieser neuen Strahlen mehr als ein Jahrzehnt lang ungeklärt. Dies änderte sich erst 1912, als Max von Laue in München die Idee hatte, Röntgenstrahlen an Kristallen zu streuen, und damit deren Wellennatur nachweisen konnte. Inzwischen wissen wir, dass Röntgenstrahlen ebenfalls zu den elektromagnetischen Wellen gehören. Sie unterscheiden sich von sichtbarem Licht nur durch ihre wesentlich höhere Frequenz.

Mit dem Erfolg des Wellenbildes ist die Geschichte jedoch noch nicht zu Ende. Von Schallwellen wissen wir, dass sie zur Ausbreitung ein Medium benötigen. Es ist nicht möglich, sich im luftleeren Raum ohne technische Hilfsmittel zu unterhalten. Man ging deshalb von der Existenz eines Mediums für Lichtwellen, dem so genannten Äther, aus. Allerdings zeigte das bereits erwähnte Experiment von Michelson und Morley, dass es den Äther nicht gibt. Wieder mussten die Vorstellungen von Licht revidiert werden. Das Wellenbild blieb jedoch unangetastet.

Dann kam aber ein Mitarbeiter des Schweizer Patentamtes namens, Sie ahnen es vielleicht schon, Albert Einstein. 1905 war sein produktivstes Jahr. Er erhielt nicht nur seinen Doktortitel, sondern publizierte die spezielle Relativitätstheorie und eine wichtige Arbeit zur Brownschen Molekularbewegung. Aber als ob das nicht schon genug wäre, erschien eine weitere Arbeit von Einstein, in der er wieder den Teilchen-charakter von Licht ins Spiel brachte. In der Tat gehen wir heute davon aus, dass man Licht sowohl Wellen- als auch Teilcheneigenschaften zugestehen muss.

Dies mag verrückt klingen, da Wellen und Teilchen sehr gegensätzliche Eigenschaften haben, die kaum miteinander in Einklang gebracht werden können. Unter Teilchen stellen wir uns etwas räumlich Lokalisiertes vor, während Wellen im All-gemeinen eine relativ große räumliche Ausdehnung besitzen. Einem Teilchen können wir eine Geschwindigkeit zuordnen, während wir eine Welle durch ihre Wellenlänge charakterisie-ren können. Dennoch gibt es sowohl für den Wellencharakter des Lichts als auch für den Teilchencharakter experimentelle Hinweise, von denen wir uns einige in den folgenden beiden Abschnitten ansehen wollen.

Einem in Hinsicht auf den Teilchencharakter des Lichts wichtigen experimentellen Resultat sind wir jedoch bereits im vorigen Kapitel begegnet, als wir die Schwarzkörperstrahlung diskutiert hatten. Einstein konnte nämlich zeigen, dass sich das Plancksche Resultat auf natürliche Weise erklären lässt, wenn man annimmt, dass Licht aus Teilchen, so genannten Photonen, besteht. Ordnet man jedem Photon eine Energie zu, die durch seine Frequenz mal dem Planckschen Wirkungs-quant gegeben ist, so lässt sich die Plancksche Quantelung der Lichtenergie leicht verstehen. Letztere ist dann gerade durch die Zahl der Photonen mal der Energie eines einzelnen Pho-tons gegeben.

3.2 Von Wasser- und anderen Wellen

Wer schon einmal Steine in einen Teich geworfen hat, dem sind Interferenzphänomene wohlbekannt. Von jedem eintauchen-den Stein gehen kreisförmige Wellen aus und die von verschie-denen Steinen ausgehenden Wellen überlagern sich, sie interfe-rieren miteinander. Dabei kommt es zu einer Verstärkung, wenn zwei Wellentäler oder zwei Wellenberge aufeinander treffen. Ein Wellenberg und ein Wellental löschen sich dagegen aus.

Um solche Interferenzerscheinungen für Licht zu demonstrieren, hat sich Thomas Young den Doppelspaltversuch ausgedacht, der in Abbildung 2 dargestellt ist. Wir wollen diesen Versuch zunächst mit den vielleicht etwas anschaulicheren Wasserwellen erläutern. Die Überlegungen lassen sich dann am Ende direkt auf Lichtwellen übertragen.

In der Abbildung 2 ist die Höhe der Wasseroberfläche durch die Schwärzung dargestellt. Grau entspricht dabei der Lage des Wasserspiegels ohne Wellen. Weiße und schwarze Bereiche bedeuten dagegen Wellenberge beziehungsweise Wellentäler. Im linken Teil des Bildes erkennt man an den abwechselnd hellen und dunklen Streifen eine Wasserwelle. Diese Welle trifft auf den durch weiße Balken symbolisierten Doppelspalt, der nur an zwei Stellen kleine Öffnungen besitzt. Sind diese beiden Öffnungen schmal genug, so gehen von ihnen auf der rechten Seite halbkreisförmige Wellen aus.

Rechts des Doppelspalts überlagern sich die beiden Teilwellen zu einer Gesamtwelle genauso, wie es bei den Wellen der Fall war, die wir eingangs durch Steinewerfen in einem Teich erzeugt hatten. Bemerkenswert sind die grauen Streifen, die andeuten, dass dort die Wasseroberfläche in Ruhe ist. In diesen Bereichen trifft immer ein Wellenberg der einen Teilwelle auf ein Wellental der anderen Teilwelle, sodass sich die beiden auslöschen. Es gibt aber auch Richtungen, in denen sich aus der Überlagerung der beiden Teilwellen eine Abfolge von schwarzen und weißen Bereichen, also von Wellentälern und -bergen, ergibt. Nur in diesen Bereichen breitet sich die Gesamtwelle aus.

Wenn man eine der beiden Öffnungen des Doppelspaltes verschließt, so breitet sich die entsprechende Teilwelle in alle Richtungen nach rechts aus. Durch die Interferenz von zwei Teilwellen ändert sich das Bild, wie wir gerade gesehen haben, und die Ausbreitung erfolgt entlang der durch Pfeile markierten Richtungen. Dazwischen kann sich dagegen keine Welle ausbreiten.

Wir wollen diese Überlegungen nun auf Lichtwellen übertragen und stellen uns vor, dass von links eine Lichtwelle auf

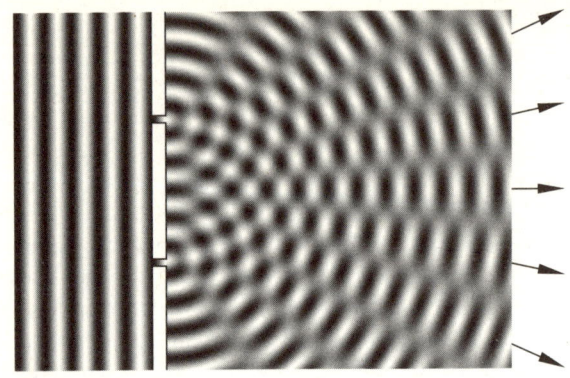

Abb. 2: Eine Welle fällt von links auf einen Doppelspalt. Von den beiden Öffnungen gehen halbkreisförmige Wellen aus, die miteinander interferieren. Entlang der durch Pfeile markierten Richtungen kann sich die Gesamtwelle ausbreiten, dazwischen findet keine Wellenausbreitung statt.

den Doppelspalt fällt. Um die Interferenz nachzuweisen, kann man rechts in einiger Entfernung vom Doppelspalt einen Schirm aufstellen. Da sich die Lichtwelle nur in bestimmte Richtungen ausbreitet, werden wir auf dem Schirm einen Wechsel von beleuchteten und unbeleuchteten Bereichen beobachten. Dieses so genannte Interferenzmuster ist ein klarer Hinweis auf die Wellennatur von Licht.

Interferenzphänomene sind im Alltag eher selten, auch wenn wir ihnen gelegentlich zum Beispiel in Gestalt von Farberscheinungen auf Seifenblasen begegnen. Für den Doppelspalt lässt uns unsere Erfahrung vielleicht etwas an dem gerade beschriebenen Szenario zweifeln. Wir sind gewohnt, von einer geradlinigen Lichtausbreitung auszugehen, die ja gerade eines der Newtonschen Argumente für die Teilchennatur von Licht war. In diesem Fall dürfte man nur zwei Lichtflecke in der Verlängerung der beiden Spalte sehen.

Wovon hängt es ab, ob wir ein Interferenzmuster oder einfach nur zwei Lichtflecke beobachten? Um dies zu beantworten, wenden wir uns nun einem einzelnen Spalt zu. Wenn wir uns in Abbildung 2 einen der beiden Spalte zugedeckt denken,

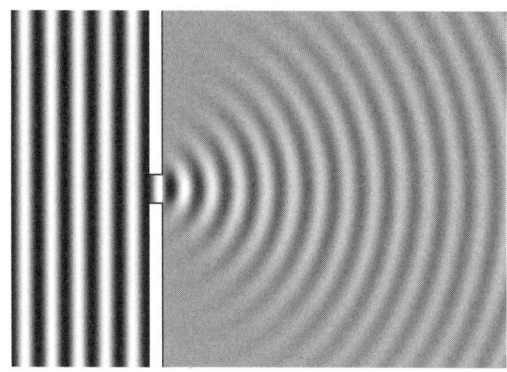

Abb. 3: Licht wird an einem schmalen Spalt gebeugt. Je breiter der Spalt ist, desto schwächer wird der Beugungseffekt. Im Unterschied zur Abbildung 2 wurde hier berücksichtigt, dass die Wellenamplitude mit zunehmendem Abstand vom Spalt abnimmt.

so geht von dem noch offenen Spalt eine halbkreisförmige Welle aus. Die Ausbreitung findet also nach rechts in alle Richtungen statt – das genaue Gegenteil zu einer geradlinigen Lichtausbreitung.

Dennoch gibt es hier keinen Widerspruch. Um dies zu verstehen, machen wir den Spalt etwas breiter. Dann ergibt sich die in Abbildung 3 gezeigte Situation. Die Welle breitet sich jetzt nicht mehr in alle Richtungen aus. Dennoch wird das Licht nach oben und unten gebeugt. Dieser Effekt wurde schon von Francesco Maria Grimaldi beobachtet und 1665, zwei Jahre nach seinem Tod, publiziert. Je breiter man den Spalt macht, desto schwächer wird jedoch dieser Beugungseffekt und desto eher kann man von geradliniger Lichtausbreitung sprechen. Damit ergibt sich aber kein Widerspruch zum Wellenbild, im Gegenteil! Die Verringerung der Beugung lässt sich durch Interferenz verstehen. Dabei stellt man sich vor, dass von jedem Punkt im Spalt eine halbkreisförmige Welle ausgeht. Die Überlagerung dieser Wellen ergibt dann den rechten Teil der Abbildung 3.

Als wichtiges Ergebnis halten wir fest, dass die Welleneigenschaften von Licht umso deutlicher werden, je kleiner die

Strukturen sind, die zur Interferenz oder Beugung führen. Allgemein kann man sagen, dass für Strukturen, die größer als die Wellenlänge sind, die Gesetze der geometrischen Optik mit ihrer geradlinigen Ausbreitung, wie wir sie aus dem Alltag kennen, Gültigkeit haben. Dies ändert sich jedoch, wenn die Strukturen kleiner sind als die Wellenlänge. Dann werden die Welleneigenschaften wichtig. Da die Wellenlänge von Wasserwellen viel größer als die von Lichtwellen ist, erklärt sich, dass uns die Welleneigenschaften von Wasserwellen wesentlich vertrauter sind als die von Licht.

Es gibt noch eine weitere und, wie wir später sehen werden, weitreichende Schlussfolgerung aus dieser Diskussion. Je enger der Spalt ist, desto genauer ist der Ort in senkrechter Richtung festgelegt, an dem der Lichtstrahl durch die Wand fällt. Gleichzeitig wird die Beugung wichtiger und umso ungenauer kennen wir die Richtung, die der Strahl hinter dem Spalt nimmt. Ausgehend von dieser Feststellung werden wir in Abschnitt 3.6 eine wichtige Aussage der Quantentheorie gewinnen.

3.3 Und Newton hatte doch nicht ganz unrecht

Die gerade beschriebenen Erscheinungen der Beugung und Interferenz lassen sich im Teilchenbild nicht verstehen. Noch nie hat jemand beobachtet, dass sich zwei Teilchen verstärken oder auslöschen. Andererseits gibt es Experimente, die auf die Teilcheneigenschaft von Licht hinweisen. Hier sind vor allem der Photoeffekt und der Compton-Effekt zu nennen.

Der Photoeffekt besteht darin, dass Elektronen aus einem Metall mit Hilfe von Licht herausgeschlagen werden. Da die Elektronen im Metall gebunden sind, ist dies nur möglich, wenn eine Mindestenergie aufgebracht wird. Stellt das einfallende Licht mehr Energie zur Verfügung, so erhöht sie entsprechend die Geschwindigkeit der austretenden Elektronen. Mit Hilfe eines angelegten elektrischen Feldes kann man die Energie der Elektronen messen und mit den Eigenschaften des einfallenden Lichts vergleichen.

Im Wellenbild hängt die Energie des einfallenden Lichts mit seiner Intensität zusammen. Daher sollte die Energie der beim Photoeffekt aus dem Metall herausgelösten Elektronen mit steigender Lichtintensität zunehmen. Es zeigt sich jedoch, dass dies überhaupt nicht der Fall ist. Eine größere Lichtintensität erhöht nur die Anzahl der pro Zeit austretenden Elektronen, nicht aber deren Energie. Die Energie der Elektronen steigt vielmehr mit der Frequenz des eingestrahlten Lichts an. Im Allgemeinen ist ultraviolettes Licht, dessen Frequenz größer als die von sichtbarem Licht ist, notwendig, um überhaupt Elektronen aus dem Metall befreien zu können.

Indem Einstein die Plancksche Erklärung des Intensitätsspektrums schwarzer Körper ernst nahm, konnte er 1905 den Photoeffekt erklären. Wie wir bereits erwähnt hatten, nahm Einstein die Existenz von Photonen an, deren Energie proportional zu ihrer Frequenz sein sollte. Erst ab einer Mindestfrequenz reicht dann die Energie des Photons aus, um ein Elektron aus dem Metall zu befreien. Ist die Frequenz größer, so wird die überschüssige Energie des Photons in Bewegungsenergie des Elektrons umgewandelt.

Auf diese Weise ließ sich der Anstieg der Elektronenenergie mit der Lichtfrequenz verstehen und Einstein erhielt dafür 1921 den Nobelpreis für Physik. Messungen von Robert Andrew Millikan zeigten, dass die Proportionalitätskonstante, die zwischen Lichtfrequenz und Photonenenergie vermittelt, tatsächlich durch das Plancksche Wirkungsquant gegeben ist.

Wenn es Photonen gibt, dann sollten sie einen Impuls besitzen. Dass dies in der Tat der Fall ist, zeigt der nach Arthur Holly Compton benannte Effekt, bei dem Photonen an Elektronen gestreut werden. Hierbei gelten, ganz genauso wie beim Stoß zweier Billardkugeln, die Erhaltungssätze für Energie und Impuls. Überträgt das Photon einen Teil seines Impulses auf das Elektron, so verringert sich sein eigener Impuls. Vergleicht man diese Impulsänderung mit der Änderung der Wellenlänge des gestreuten Lichtes, so stellt man fest, dass nicht nur ein Zusammenhang zwischen Energie und Frequenz besteht, sondern auch zwischen Impuls und Wellenlänge.

Diese beiden Größen sind umgekehrt proportional zueinander und die Proportionalitätskonstante ist wieder das Plancksche Wirkungsquant. Die Anwendbarkeit der Stoßgesetze wird durch eine Untersuchung der Winkelabhängigkeit der Wellenlängenänderung, die von der Stoßgeometrie abhängt, bestätigt.

Gut zweihundert Jahre nach der Diskussion zwischen Newton, Huyghens und anderen wurde somit klar, dass es nicht genügt, Licht nur als Teilchen oder nur als Welle aufzufassen. Für beide Eigenschaften gibt es experimentelle Evidenz. Zudem existieren Zusammenhänge zwischen Teilcheneigenschaften wie dem Impuls und Welleneigenschaften wie der Wellenlänge. Man wird Licht also nur gerecht, wenn man ihm sowohl Wellen- als auch Teilchencharakter zugesteht.

3.4 Nur Teilchen oder auch Welle?

Photonen sind etwas Besonderes, denn sie sind masselos. Man könnte daher vermuten, dass das Zwitterdasein als Teilchen und Welle auf Licht, oder allgemein elektromagnetische Strahlung, beschränkt ist. Andererseits kann man sich fragen, ob es sich hier nicht um ein viel allgemeineres Phänomen handelt. Dann müsste man auch Teilchen mit Masse, wie zum Beispiel Elektronen, oder den Bausteinen der Atomkerne, Proton und Neutron, Welleneigenschaften zuschreiben. Genau dieser Vorschlag kam von einem französischen Adligen.

Prinz Louis Victor Raymond de Broglie sollte eigentlich Diplomat werden, folgte dann aber doch dem Vorbild seines Bruders Maurice und studierte Physik. In seiner Doktorarbeit argumentierte er im Jahre 1923, dass die Relationen, die die Wellen- und Teilcheneigenschaften von Licht miteinander verknüpfen, auch für massebehaftete Teilchen gelten sollten. Mit Hilfe des Planckschen Wirkungsquants seien also einem Teilchen mit einem bestimmten Impuls und einer bestimmten Energie eine Wellenlänge und eine Frequenz zuzuordnen.

Unsere Alltagserfahrung liefert keine offensichtlichen Hinweise auf die Richtigkeit einer solchen Vorhersage. Wer hat aber schon Erfahrung im mikroskopischen Bereich und kann sagen, dass dort alles genauso ist, wie in unserer makroskopischen Welt? Entscheidend ist natürlich, ob sich die Welleneigenschaft von Teilchen wie dem Elektron experimentell nachweisen lässt. Wenn dem so ist, können wir uns allerdings auf einige Überraschungen gefasst machen.

Da der Zusammenhang von Teilchen- und Welleneigenschaften gemäß de Broglie wieder das Plancksche Wirkungsquant beinhaltet, ist die Wellenlänge von Teilchen im Allgemeinen sehr klein. Zudem ist die Wellenlänge umgekehrt proportional zur Masse und es besteht damit eigentlich nur für einigermaßen leichte Teilchen Hoffnung, den Wellencharakter zu sehen. Selbst dann sind die erforderlichen Längenskalen, die sich mit Hilfe der Überlegungen aus Abschnitt 3.2 ergeben, eher im mikroskopischen Bereich zu finden.

In den ersten Versuchen untersuchte man daher die Beugung an Kristallen, ähnlich wie dies Max von Laue 1912 getan hatte, um die Wellennatur von Röntgenstrahlen nachzuweisen. Bereits 1927, also nicht lange nach der Vorhersage durch de Broglie, bestrahlten Clinton Davisson und Lester Germer Kristalle mit Elektronen. Die daraufhin von den Gitteratomen ausgesandten Kugelwellen überlagern sich so, wie das für die beiden Teilwellen beim Doppelspalt in Abbildung 2 der Fall war.

Die Auswertung der Messung zeigte nicht nur die Wellennatur der Elektronen, die man bis dahin einfach für Teilchen gehalten hatte. Sie bestätigte auch den von de Broglie vorgeschlagenen Zusammenhang zwischen dem Impuls der Elektronen und ihrer Wellenlänge. Bald darauf konnten Otto Stern und seine Mitarbeiter in Hamburg die Beugung von Wasserstoffmolekülen und Heliumatomen an Kristallen nachweisen. Auch ihnen müssen also Welleneigenschaften zugestanden werden, obwohl sie immerhin schon etwa fünftausendmal schwerer als ein Elektron sind.

Auch Doppelspaltversuche, wie wir sie in Abschnitt 3.2 für Wasser- und Lichtwellen besprochen hatten, wurden für Teilchen durchgeführt. Wieder machten die Elektronen den Anfang, wie wir uns im nächsten Abschnitt noch genauer ansehen werden. Mitte der siebziger Jahre wurde dann von Helmut Rauch, Wolfgang Treimer und Ulrich Bonse die Interferenz von Neutronen untersucht. In der Folge gab es hierzu eine Vielzahl interessanter Untersuchungen, auf die wir hier allerdings nicht im Detail eingehen können. Beeindruckend ist auf jeden Fall die hervorragende Übereinstimmung der Messergebnisse mit den Vorhersagen der Quantentheorie.

Was die größten Objekte anbelangt, die noch Welleneigenschaften zeigen, wird der Rekord gegenwärtig von der Gruppe um Anton Zeilinger an der Universität Wien gehalten. Dort wurde mit Fullerenen experimentiert. Diese Moleküle bestehen aus sechzig oder sogar siebzig Kohlenstoffatomen und sehen wie kleine Fußbälle aus. In einem Doppelspaltversuch zeigte sich tatsächlich ein Interferenzmuster, das mit dem Wellenbild in Einklang ist. Dies ist umso überraschender, als man diese schon recht großen Moleküle in mancher Hinsicht als klassische Objekte verstehen kann.

Die Wellennatur massebehafteter Objekte ist also in einer Vielzahl von Experimenten nachgewiesen worden. Wenige Jahre nachdem de Broglie seine Hypothese aufgestellt hatte, wurde zudem schon die erste Anwendung entwickelt. Dabei wurde das Auflösungsvermögen von Mikroskopen wesentlich verbessert. Die begrenzende Größe ist die Wellenlänge, die bei den üblichen Lichtmikroskopen durch die Wellenlänge des sichtbaren Lichts fest vorgegeben ist. Wesentlich kleinere Strukturen lassen sich sichtbar machen, wenn man Elektronen statt Licht benutzt. Hier kommt einem die Welleneigenschaft der Elektronen und deren üblicherweise recht kleine Wellenlänge zugute. Bereits 1931 wurde das erste Elektronenmikroskop entwickelt, wofür Ernst Ruska 55 Jahre später den Nobelpreis für Physik erhielt. Er teilte dabei den Preis mit zwei anderen Physikern, zu deren spezieller Art von Mikroskopie wir später noch kommen werden.

3.5 Man kann nicht alles wissen

Akzeptiert man den Welle-Teilchen-Dualismus, also die Tatsache, dass Teilchen auch Welleneigenschaften besitzen, so ergeben sich automatisch verschiedene überraschende Konsequenzen, die wir in diesem und den folgenden Abschnitten diskutieren wollen.

Hierzu betrachten wir zunächst eine Variante des Doppelspaltexperiments, die von Gottfried Möllenstedt und Mitarbeitern in den fünfziger Jahren ersonnen und realisiert wurde. Dabei kommt, wie in Abbildung 4 zu sehen ist, von oben eine Elektronenwelle, die durch einen Draht in zwei Wellen geteilt wird. Bringt man eine positive Ladung auf den Draht, so erfahren die negativ geladenen Elektronen eine Kraft zum Draht hin. Die sich dadurch ergebende Ablenkung führt die beiden Teilstrahlen zusammen und bringt sie zur Interferenz. Auf dem Schirm kann man ein Interferenzmuster beobachten, das aus Bereichen besteht, in denen viele Elektronen ankommen, die wiederum durch Zonen getrennt sind, in denen praktisch keine Elektronen nachgewiesen werden können.

Was passiert jedoch, wenn wir die Elektronenquelle immer schwächer machen würden? Im Prinzip kann diese so schwach sein, dass sich zu jedem Zeitpunkt nur ein einziges Elektron unterwegs befindet. Das Elektron wird auf dem Schirm hinter dem Doppelspalt an einem eindeutigen Ort gemessen, von Interferenzmuster weit und breit keine Spur. Lässt man den Versuch jedoch lange genug laufen und misst damit immer mehr Elektronen, so muss sich im Laufe der Zeit wiederum das erwartete Interferenzmuster ausbilden.

In der Praxis ist es leider schwierig, Elektronenquellen sehr schwacher Intensität zu realisieren. Hinzu kommt, dass Elektronen geladen sind und daher Kräfte aufeinander ausüben. Man könnte also anzweifeln, dass es tatsächlich möglich ist, ein Elektron ohne Wechselwirkung mit den anderen Elektronen im Strahl durch den Doppelspalt zu schicken.

Hier bieten sich als Ausweg die ungeladenen Neutronen an. Zu ihrer Erzeugung benötigt man einen Reaktor, in dem die

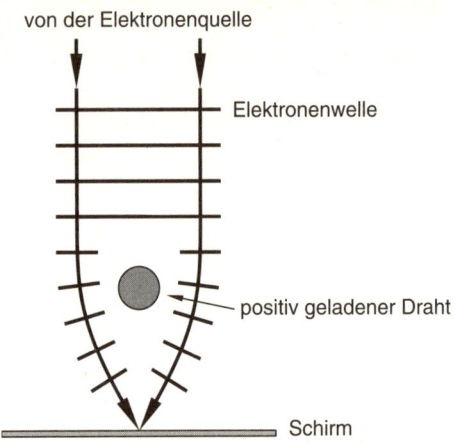

von der Elektronenquelle

Elektronenwelle

positiv geladener Draht

Schirm

Abb. 4: Eine von oben kommende Elektronenwelle wird durch einen positiv geladenen Draht in zwei konvergente Strahlen geteilt. Auf einem Schirm lässt sich das Interferenzmuster nachweisen.

Neutronen durch Zerfall von Atomkernen freigesetzt werden. Wenn bei den Interferenzexperimenten ein Neutron nachgewiesen wird, ist das nächste Neutron typischerweise noch im Atomkern gebunden. In diesem Fall kann man also sicher sein, dass nur jeweils ein einziges Neutron in der Doppelspaltanordnung unterwegs war.

Für das Auftreten von Interferenzerscheinungen ist es nach diesen Überlegungen offenbar nicht notwendig, dass sich gleichzeitig mehrere Teilchen in der Apparatur befinden und dabei vielleicht verschiedene Wege durch den Doppelspalt nehmen. Jedes Teilchen interferiert sozusagen mit sich selbst. Misst man viele Teilchen, so ergibt sich am Ende dennoch das richtige Interferenzmuster, obwohl die Teilchen völlig unabhängig voneinander den Doppelspalt durchquert haben.

Wir können also für ein einzelnes Teilchen nicht vorhersagen, wo es auf dem Schirm nachgewiesen wird. Es gibt jedoch für jeden Ort eine gewisse Nachweiswahrscheinlichkeit. Diese kann an bestimmten Orten durchaus Null sein, womit wir dann immerhin mit Sicherheit wissen, dass dort nie ein Teilchen nachgewiesen werden kann. Die Nachweiswahrscheinlichkeit ist für alle Teilchen gleich und wird damit durch Beobachtung vieler Teilchen sichtbar.

Wir können von der Quantentheorie also im Allgemeinen nicht erwarten, dass sie uns eine genaue Auskunft über den Ausgang eines einzelnen Experiments gibt. Sie ist aber in der Lage, bei Wiederholung des gleichen Experiments eine Aussage über die Wahrscheinlichkeit zu treffen, mit der ein bestimmtes Ergebnis beobachtet wird.

Der Welle-Teilchen-Dualismus führt hier zu einem gewissen Indeterminismus, der nicht ohne Widerspruch blieb. Es ist andererseits jedoch völlig unklar, ob der Determinismus, an den wir uns in unserer makroskopischen Welt gewöhnt haben und der für unser alltägliches Handeln eine wesentliche Grundannahme darstellt, auch in der mikroskopischen Welt Gültigkeit haben muss.

Wir wollen an dieser Stelle festhalten, dass es derzeit keinen experimentellen Befund gibt, der an der Quantentheorie, wie sie in diesem Buch dargestellt wird, zweifeln ließe. Man kann sich aber dennoch die Frage stellen, ob es nicht eine Erweiterung der Theorie gibt, die zwar die bekannten experimentellen Resultate reproduziert, den Indeterminismus aber zumindest teilweise beseitigt.

Eine dieser Möglichkeiten wäre die Einführung so genannter versteckter Variablen, mit deren Kenntnis beispielsweise der Ausgang eines Doppelspaltexperiments mit einem einzelnen Elektron vorhersagbar wäre. Es zeigt sich, dass ein solcher Ansatz in bestimmten Fällen zu Vorhersagen führt, die von denen der unmodifizierten Quantentheorie abweichen. Die Richtigkeit dieses Zugangs zur Wiederherstellung des Determinismus lässt sich also untersuchen. Wir verschieben eine genauere Diskussion auf Kapitel 6, wollen aber hier schon erwähnen, dass es keine Hinweise auf die Existenz von versteckten Variablen gibt.

3.6 Nichts geht mehr in geregelten Bahnen

Auf Seite 28 hatte ich versprochen, dass uns die Überlegungen zur Beugung von Wellen zu einem wichtigen Ergebnis der Quantentheorie führen würden. Um dieses Versprechen einzulösen, betrachten wir noch einmal die Abbildung 3 auf Seite 27. Im linken Teil bewegt sich eine Welle in waagerechter Richtung nach rechts. Wenn es oben und unten keine Wände gibt, ist die Welle in diesen Richtungen beliebig weit ausgedehnt, auch wenn das in der Abbildung natürlich nicht dargestellt werden kann. Dies bedeutet, dass es keinen Lichtstrahl endlicher Breite gibt, der sich in genau eine Richtung ausbreitet.

Um einen Lichtstrahl in der Breite zu begrenzen, verwendet man normalerweise eine Blende. Damit haben wir genau die in der Abbildung 3 gezeigte Situation. Wie wir aus Abschnitt 3.2 wissen, weitet sich der Strahl hinter der Blende umso mehr auf, je schmaler die Blende ist. Eine genauere Festlegung des Strahls in senkrechter Richtung an der Blende erkaufen wir uns also dadurch, dass die Ausbreitungsrichtung unbestimmter wird.

Statt im Wellenbild können wir uns diese Zusammenhänge auch im Teilchenbild ansehen. An der Blende legen wir den Ort der Photonen in senkrechter Richtung fest, denn diejenigen Photonen, die auf die rechte Seite gelangen, müssen wohl oder übel durch den Spalt geflogen sein. Die Richtung, die das Photon nach dem Spalt nimmt, ist jedoch umso unbestimmter, je enger der Spalt ist. Eine Abweichung von der waagerechten Richtung ist mit einem Impuls in senkrechter Richtung verknüpft. Das bedeutet: Je genauer wir den Ort des Photons in einer Richtung kennen, desto ungenauer kennen wir seinen Impuls in dieser Richtung.

Macht man nun Ernst mit der de Broglieschen Hypothese vom Welle-Teilchen-Dualismus, so muss alles, was wir uns gerade für Licht überlegt haben, auch für massebehaftete Teilchen gelten. Das ist aber nun doch recht merkwürdig! Unsere Alltagserfahrung sagt uns, dass sich Autos, Fußbälle und andere Objekte entlang von bestimmten Bahnen bewegen. Zu jedem Zeitpunkt können wir sagen, wo sich ein Gegenstand befindet und mit welcher Geschwindigkeit er sich bewegt. Unsere Überlegungen zeigen aber, dass sich ein Teilchen nicht mit einer genau festgelegten Geschwindigkeit gleichzeitig an einem präzise bestimmten Ort befinden kann. Man kann somit nicht mehr von der Bahn eines Teilchens reden. Wieder einmal versagt die Alltagserfahrung im mikroskopischen Bereich.

Aber vielleicht haben Sie auch noch Einwände gegen unsere Überlegungen. Wie wäre es damit: Man könnte in einiger Entfernung hinter dem Spalt einen Schirm aufstellen und nachsehen, in welche Richtung das Teilchen geflogen ist. Ein solches Experiment mit Elektronen hatten wir ja im Prinzip am Anfang des vorigen Abschnitts beschrieben. Kennt man den Ort, an dem ein Teilchen auf dem Schirm auftrifft, so kann man mit Hilfe der Position des Spaltes doch die Richtung bestimmen, in die das Teilchen geflogen ist. Dies geht sogar umso besser, je schmaler der Spalt ist.

Eine solche Rückrechnung unter der Annahme, dass das Teilchen eine gerade Bahn durchlaufen hat, ist jedoch etwas ganz anderes, als am Spalt gleichzeitig den Ort und die Geschwindigkeit zu kennen, und darauf kommt es uns hier an. Den Unterschied erkennt man zum Beispiel daran, dass man bei gleichzeitiger Messung von Ort und Geschwindigkeit am Spalt und Beobachtung des Teilchens am Schirm eine Aussage über die Gültigkeit der Annahme treffen könnte, dass das Teilchen tatsächlich eine gerade Bahn zwischen Spalt und Schirm durchlaufen hat.

Man könnte auch kritisieren, dass wir hier eine sehr spezielle Situation betrachtet haben. Vielleicht ist es ja so, dass die Beugung am Spalt besondere Probleme bereitet. Das bedeutet aber noch nicht, dass unsere Schlussfolgerungen allgemein gültig sind. Allerdings konnte Werner Heisenberg im Jahre 1927 beweisen, dass auch dieser Ausweg versperrt ist. Seine Unschärferelation zeigt, dass in der Tat Ort und Geschwindigkeit, oder genauer Impuls, nicht gleichzeitig genau gemessen werden können. Wir werden ihr in den folgenden

Kapiteln gelegentlich wieder begegnen und auch noch weitere experimentell beobachtbare Konsequenzen diskutieren.

Dass nun die Vorstellung von Teilchenbahnen aufgegeben werden muss, sollte letztlich nicht überraschen, wenn man einmal akzeptiert hat, dass Teilchen auch Wellencharakter haben können. Die Abschaffung des Bahnbegriffs ist dennoch eine dramatische Angelegenheit und nicht ohne Grund macht uns diese Vorhersage der Quantentheorie gedankliche Schwierigkeiten. Seit Beginn der Menschheit hat die Vorstellung einer Bahn eine entscheidende Rolle gespielt. Schon der jagende Urzeitmensch wäre kaum erfolgreich gewesen, wenn er nicht die Bahn seiner Beute hätte vorhersehen können. Dazu musste er natürlich erst einmal, wenn auch nicht unbedingt bewusst, die Existenz dieser Bahn voraussetzen.

Im 19. Jahrhundert gab es die Vorstellung des Laplaceschen Dämons. Unter der Annahme, dass die Orte und Impulse aller Teilchen im Weltall zu einem gewissen Zeitpunkt sowie alle zwischen ihnen wirkenden Kräfte bekannt seien, sollte dieser nach Pierre Simon Laplace benannte Geist in der Lage sein, die Zukunft des Universums vorherzusagen. Die Heisenbergsche Unschärferelation macht dem Laplaceschen Dämon jedoch einen Strich durch die Rechnung, indem sie es unmöglich macht, die Orte und Impulse aller Teilchen präzise zu kennen.

Könnte man nun umgekehrt die Heisenbergsche Unschärferelation benutzen, um einer Anzeige wegen Geschwindigkeitsüberschreitung zu entgehen? Schließlich legt das bei der Radarkontrolle geschossene Foto den Ort des Autos recht präzise fest, von einer genauen Geschwindigkeitsmessung kann also eigentlich gar keine Rede sein. Diese Ausrede taugt wohl kaum, denn die untere Schranke für das Produkt aus Ortsunschärfe und Geschwindigkeitsunschärfe wird wieder einmal durch das sehr kleine Plancksche Wirkungsquant bestimmt, das dafür sorgt, dass die Heisenbergsche Unschärferelation im Alltagsleben irrelevant ist.

Selbst für Elektronen kann es erlaubt sein, von Bahnen zu reden. Denken Sie zum Beispiel an die Elektronen, die im

Fernseher ein scharfes Bild erzeugen. Ein Fernsehgerät ist im Vergleich zur Wellenlänge der Elektronen riesengroß. Damit werden die Welleneigenschaften unwichtig, genauso wie dies in der geometrischen Optik mit ihrer geradlinigen Lichtausbreitung der Fall ist. Auf kleinen Längenskalen ist die Situation aber eine ganz andere und dann lassen wir uns besser nicht mehr von der Vorstellung einer Bahn leiten.

3.7 Mit dem Kopf durch die Wand

Einen Berg zu besteigen ist anstrengend. Dies ist nicht nur subjektiv so, sondern lässt sich auch physikalisch begründen. Je weiter man sich vom Mittelpunkt der Erde in deren Schwerefeld entfernt, umso größer wird die eigene potentielle Energie. Der Name dieser Energieform rührt von dem Vermögen her, Arbeit zu leisten, wie dies zum Beispiel beim Abfließen von Wasser aus einem Stausee der Fall ist. Fällt ein Stein im Schwerefeld der Erde, so wird die potentielle Energie verringert und dabei der Stein beschleunigt. Es wird also potentielle Energie in Bewegungsenergie umgewandelt.

Man kann sich diesen Sachverhalt durch ein ortsabhängiges Potential, für das ein Beispiel in Abbildung 5 gezeigt ist, veranschaulichen. Diese Abbildung kann eine Vielzahl von physikalischen Situationen beschreiben. Wir dürfen uns aber speziell vorstellen, dass sich eine Kugel in dem dargestellten Potentialgebirge bewegt. Lassen wir die Kugel beim Punkt A los, so wird sie sich auf den Punkt B zu bewegen und dabei zunächst schneller werden. Rechts des Minimums läuft die Kugel den Potentialberg hoch und wird dabei entsprechend langsamer.

Unsere Erfahrung sagt uns nun, dass eine Kugel, die wir im Potentialgebirge der Abbildung 5 zwischen den Punkten A und B aus der Ruhe heraus loslassen, immer zwischen diesen beiden Punkten gefangen bleiben wird. Die anfängliche potentielle Energie erlaubt es nicht, in den Bereich rechts von Punkt B zu kommen. Die gesamte Energie der Kugel genügt nämlich nicht, um die in Punkt B benötigte potentielle Energie aufzu-

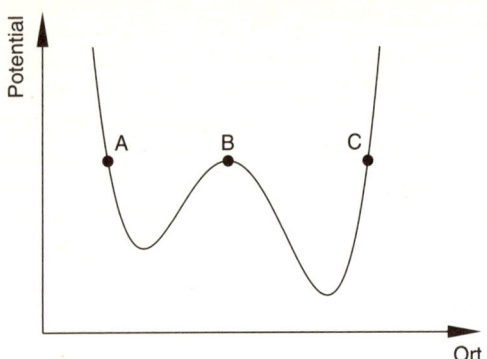

Abb. 5: Das Potentialgebirge beschreibt die potentielle Energie eines Teilchens in Abhängigkeit von seinem Ort. Die potentielle Energie an den Punkten A, B und C ist gleich groß.

bringen. Dies entspricht genau der Situation bei der Überquerung eines Gebirgskammes. Man muss genügend Energie zur Verfügung haben, um auf den Kamm hinaufzukommen – es sei denn, es gibt einen Tunnel.

Im Gegensatz zur klassischen Mechanik, auf der unsere Überlegungen gerade eben basierten, ist es in der Quantentheorie nicht nötig, die zum Erreichen von Punkt B erforderliche Energie aufzubringen. Man spricht dann vom Tunneleffekt oder davon, dass ein Teilchen durch die Potentialbarriere tunnelt. Allerdings ist die Situation etwas anders als bei einem Gebirgstunnel. Bei letzterem ist man, wenn man hineinfährt und nichts Unvorhergesehenes passiert, sicher, dass man nach einer gewissen Zeit am anderen Ende des Tunnels herauskommt. In der Quantentheorie gibt es dagegen nur eine gewisse Wahrscheinlichkeit, durch die Potentialbarriere zu gelangen. Diese ist umso kleiner, je breiter und höher die Barriere ist.

Versuchen wir nun, die Vorgänge beim Tunneln etwas genauer zu verstehen. Hierzu ist wieder die Analogie mit Licht sehr nützlich. Wir betrachten dazu einen Lichtstrahl, der aus einem optisch dichteren Medium, zum Beispiel Wasser, kommend in ein optisch dünneres Medium, beispielsweise Luft, läuft. Dabei wird der Lichtstrahl, wie in Abbildung 6a gezeigt, zur Grenzfläche hin gebrochen. Von oberhalb der Grenzfläche zwischen Luft und Wasser gesehen scheint der Lichtstrahl daher, wie durch die gestrichelte Linie angedeutet, von einem anderen Punkt zu kommen, als dies tatsächlich der Fall ist. Dies ist einer der Gründe, warum es gar nicht so einfach ist, einen Fisch in einem Teich mit bloßen Händen zu fangen.

Nachdem der Lichtstrahl beim Übergang von einem optisch dichteren in ein dünneres Medium zur Grenzfläche hin gebrochen wird, ist es einsichtig, dass bei Verringerung des Winkels zwischen einfallendem Strahl und Grenzfläche eine Situation erreicht werden kann, in der der Lichtstrahl nicht mehr in den lufterfüllten oberen Bereich weiterlaufen kann. In diesem Fall liegt die in Abbildung 6b gezeigte Totalreflexion vor. Die Grenzfläche zwischen Wasser und Luft wirkt nun wie ein Spiegel und das einfallende Licht wird wieder vollständig in das Wasser zurückreflektiert. Eine teilweise Reflexion des Lichtes findet genau genommen schon in Abbildung 6a statt, ist dort aber im Allgemeinen schwach.

Bekommt man oberhalb der Grenzfläche zwischen Wasser und Luft überhaupt nichts davon mit, dass im Wasser ein Lichtstrahl auf die Grenzfläche fällt und totalreflektiert wird? Doch, man muss sich nur nahe genug an der Grenzfläche befinden. Es zeigt sich nämlich, dass das Licht selbst bei Totalreflexion ein klein wenig in den Bereich oberhalb der Grenzfläche eindringen kann, mit zunehmendem Abstand aber rasch gedämpft wird. Dies lässt sich nachweisen, indem man nahe der Grenzfläche dem Lichtstrahl wieder ein Medium zur Verfügung stellt, in dem er sich ausbreiten kann. Wenn, wie in Abbildung 6c, nur ein dünner Luftspalt vorliegt, der zwei mit Wasser gefüllte Bereiche trennt, so breitet sich ein Teil des Lichtes im oberen Bereich aus, während der Rest im unteren Bereich reflektiert wird.

Diese Überlegungen lassen sich im Rahmen des Welle-Teilchen-Dualismus direkt auf den Tunneleffekt in der Quan-

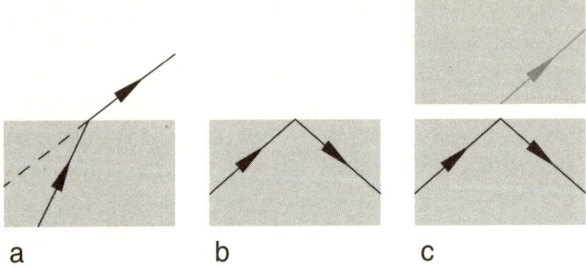

Abb. 6: Übergang von Licht von einem optisch dichteren Medium (grau) in ein optisch dünneres Medium: a) Der Lichtstrahl wird von der Senkrechten weg gebrochen. Die gestrichelte Linie gibt die Richtung der scheinbaren Lichtquelle an. b) Totalreflexion. c) Ist der Luftspalt dünn genug, so kann auch bei Totalreflexion Licht in den oberen Bereich gelangen.

tentheorie anwenden. Abbildung 6b könnten wir in der klassischen Physik folgendermaßen interpretieren. Ein Teilchen läuft auf eine Potentialbarriere, seine Energie genügt jedoch nicht, um diese zu überwinden. Es wird daher an dieser Barriere reflektiert. In der Quantentheorie wirkt sich nun der Wellencharakter des Teilchens aus, der es dem Teilchen erlaubt, in den klassisch verbotenen Bereich einzudringen. Dabei nimmt die Wahrscheinlichkeit mit zunehmender Eindringtiefe rasch ab. Wenn jedoch, wie in Abbildung 6c, die Potentialbarriere dünn genug ist, dann kann das Teilchen mit einer gewissen Wahrscheinlichkeit jenseits der Barriere weiterlaufen. Das Teilchen ist durch die Barriere getunnelt.

Schon 1928 hatten Ronald Gurney und Edward Condon sowie unabhängig von ihnen George Gamow erkannt, dass sich mit Hilfe des Tunneleffekts der so genannte Alphazerfall erklären lässt. Hierbei handelt es sich um einen radioaktiven Zerfall, bei dem sich ein Atomkern unter Aussenden eines Alphateilchens, das aus je zwei Protonen und Neutronen besteht, in einen anderen Kern umwandelt. Die Tatsache, dass der ursprüngliche Kern überhaupt eine gewisse Zeit lang existieren konnte, hängt damit zusammen, dass das Alphateilchen mit Hilfe einer Potentialbarriere, zumindest klassisch gesehen, an den Kern gebunden ist. Der Tunneleffekt erlaubt dem Alphateilchen jedoch, mit einer gewissen, unter Umständen sehr kleinen Wahrscheinlichkeit, die Potentialbarriere zu durchdringen und genau dieses passiert beim Kernzerfall.

Eine moderne Anwendung des Tunneleffekts ist das Rastertunnelmikroskop, für dessen Entwicklung Gerd Binnig und Heinrich Rohrer 1986 den Nobelpreis für Physik bekamen. Bringt man eine scharfe Metallspitze in die Nähe einer Metalloberfläche und legt eine Spannung an, so fließt ein Strom. Da die Elektronen durch den isolierenden Bereich zwischen Spitze und Oberfläche tunneln müssen, hängt der Strom stark von der zu durchtunnelnden Distanz ab. Mit Hilfe des Tunnelstroms kann man daher die Metalloberfläche mit atomarer Genauigkeit vermessen.

Wie schon des Öfteren gilt auch beim Tunneln, dass der Effekt im täglichen Leben wegen der Kleinheit des Planckschen Wirkungsquants keine Rolle spielt. Wer also versucht, mit dem Kopf durch die Wand zu gehen, sollte lieber nicht mit dem quantenmechanischen Tunneleffekt rechnen, sondern eher damit, sich eine Beule zu holen.

4. Maßstäbe und Uhren mit Atomen

Sollten Sie demnächst einmal nach Paris kommen, den Eiffelturm schon bestiegen und den Louvre besichtigt haben, so steigen Sie doch einmal in die Metrolinie 9 und fahren Sie bis zur Endhaltestelle „Pont de Sèvres". Wieder ans Tageslicht gekommen fällt der Blick über die Seine auf ein großes Gebäude, die Porzellanmanufaktur von Sèvres. Für uns viel interessanter ist jedoch das kleine weiße Gebäude, das auf der Anhöhe im Hintergrund zu sehen ist.

Der Sonnenkönig Ludwig XIV. höchstpersönlich hatte am 11. August 1672 den Trianon de Saint-Cloud eingeweiht. Nach einer wechselvollen Geschichte und inzwischen in Pavillon de Breteuil umbenannt, ging das Gebäude 1875 in den Besitz des neu gegründeten Bureau International des Poids et Mésures, also des Internationalen Büros für Gewichte und Maße, über. Hier befinden sich, sicher verwahrt, zwei Gegenstände mit einer interessanten Geschichte, die uns in die Zeit der Französischen Revolution zurückführt.

Nicht gerade freiwillig hatte Ludwig XVI. im August 1788 seine Untertanen, auch in den entferntesten Teilen des Königreiches, aufgefordert, ihm ihre Wünsche und Beschwerden kund zu tun. Ein oft geäußerter Wunsch war der nach einheitlichen Maßen und Gewichten. Die Notwendigkeit hierfür war zwar schon früher immer wieder erkannt worden, aber erst die Französische Revolution schaffte die notwendigen Rahmenbedingungen, um hier wirklich etwas zu bewegen. Sollte die Reform auf nationaler oder gar internationaler Ebene zum Erfolg führen, so durfte weder auf eine der zahllosen alten Maßeinheiten zurückgegriffen werden, noch durften Einheiten festgelegt werden, deren Definition einen zu großen nationalen Bezug hatte. Aus Einsicht in die Notwendigkeit von grenzüberschreitenden Maßen unterbreitete man den Engländern den Vorschlag, sich auf gemeinsame Einheiten zu einigen – ohne Erfolg. Die Folgen dieser politischen Entscheidung wirken bis heute nach und führen schon auch mal zum Versagen einer Marssonde wie im Herbst 1999.

Um nationale Willkür möglichst auszuschließen, beschloss man, die neuen Einheiten aus der Natur abzuleiten. Und so legte man schließlich die neue Längeneinheit mit Hilfe der Erde fest. Als Grundlage wurde die Länge eines Viertels eines Erdmeridians, also die Strecke zwischen einem der beiden Pole und dem Äquator, gewählt. Der zehnmillionste Teil davon sollte ein Meter sein. Die genaue Festlegung erforderte die präzise Vermessung zumindest eines Abschnitts eines Erdmeridians.

Im Sommer 1792 begannen daher Jean-Baptiste Delambre und Pierre Méchain mit der Vermessung der Strecke zwischen Dünkirchen am Ärmelkanal und Barcelona, der eine von Norden her, der andere von Süden. Erst nach sechs Jahren mühevoller Arbeit trafen sich die beiden im südfranzösischen Carcassone wieder.

Diese Vermessung diente als Grundlage zur Herstellung eines aus Platin bestehenden Urmeters, das fortan die neue Längeneinheit repräsentieren sollte. Außerdem wurde noch ein Urkilogramm gefertigt. Am vierten Messidor des Jahres VII nach dem republikanischen Kalender übernahmen die Archive der Republik in Paris die beiden Gegenstände zur sicheren Aufbewahrung. Bereits ein gutes Jahrzehnt später, im Februar 1812, begann mit einem Dekret Napoleons allerdings der Niedergang des metrischen Systems. Erst 1840 setzte es sich in Frankreich endgültig durch.

Knapp fünfzig Jahre später ersetzten ein verbessertes Urmeter und Urkilogramm die in den Archiven der Republik verwahrten Prototypen. Dabei sollte eine möglichst genaue Übereinstimmung mit dem alten Urmeter erzielt werden, und nicht etwa mit einem vierzigmillionsten Teil eines Erdmeridians. Am 28. September 1889 wurden Urmeter und Urkilogramm neun Meter unter der Erde in einem Safe deponiert – im Keller des Pavillon de Breteuil, zu dem wir bei unserem kleinen Ausflug inzwischen hinaufspaziert sind.

Drei Schlüssel werden benötigt, um an den wertvollen Inhalt des Safes zu kommen, dem Touristen bleibt nur ein Blick durch den Zaun, der das Gelände umschließt. Jetzt bietet sich ein Besuch des Parks von Saint-Cloud oder eine Besichtigung der Porzellanmanufaktur an. Wir wollen aber noch einen Moment in Gedanken bei Urmeter und Urkilogramm verweilen.

Noch mehr als in der Zeit der Französischen Revolution erfordert der heutige weltumspannende Handel eine möglichst präzise Festlegung von Maßeinheiten. Dabei ist es jedoch nicht gerade wünschenswert, sich auf Urnormale wie beim Meter und Kilogramm zu verlassen. Trotz sorgfältigster Handhabung ist nicht garantiert, dass sich diese Urnormale nicht im Laufe der Zeit verändern. An eine eventuelle Zerstörung dieser Gegenstände wollen wir gar nicht erst denken.

Die Natur zur Definition von Einheiten heranzuziehen, war durchaus ein Schritt in die richtige Richtung. Statt der Erde ist es allerdings wesentlich besser, grundlegende physikalische Effekte auszunutzen. Dies setzt natürlich voraus, dass wir von der Richtigkeit unseres physikalischen Verständnisses und der zeitlichen Unveränderlichkeit der physikalischen Gesetze sowie der Naturkonstanten zumindest auf für die Menschheit relevanten Zeitskalen überzeugt sind.

Schon für Max Planck war die Festlegung von Maßeinheiten mit Hilfe von universellen Naturkonstanten ein wichtiges Konzept. Die Quantelung der Energie von Licht hatte er nur widerwillig eingeführt, um die Strahlung schwarzer Körper richtig zu beschreiben. Für das dabei auftretende Plancksche Wirkungsquant sah er dagegen eine fundamentale Notwendigkeit, wie er bereits im Mai 1899 vor der Preußischen Akademie der Wissenschaften erklärte. •

In der Tat ergänzt das Wirkungsquant in idealer Weise die Lichtgeschwindigkeit, die uns schon im zweiten Kapitel begegnet ist, und die Gravitationskonstante, die die Stärke der Anziehung zwischen Massen angibt. Auf der Basis dieser drei Naturkonstanten kann man im Prinzip Maßeinheiten für die grundlegenden mechanischen Größen Länge, Zeit und Masse definieren. Das Plancksche Einheitensystem hat in der Praxis allerdings bis jetzt keine Bedeutung, schon allein deshalb, weil die Gravitationskonstante nicht sehr genau bekannt ist.

Es gibt jedoch eine Reihe wichtiger Einheiten, deren Definition auf grundlegenden physikalischen Effekten beruht, wobei die Quantentheorie eine zentrale Rolle spielt. Den Anfang machte 1960 das Meter. Die folgenden 23 Jahre war es mit Hilfe einer Eigenschaft des Krypton, eines Edelgases, definiert. Das Urmeter war damit überflüssig geworden, ganz im Gegensatz zum Urkilogramm, das auch heute noch benötigt wird. Seit 1983 ist das Meter allerdings mit Hilfe der Lichtgeschwindigkeit indirekt über die Sekunde festgelegt. Auch die Einheiten für Widerstand und Spannung, Ohm und Volt, basieren inzwischen auf Quanteneffekten.

Die wichtigste Einheit, die nicht auf einem von Menschenhand geschaffenen Prototypen beruht, ist die Sekunde. Seit 1967 ist sie als die „Dauer von 9 192 631 770 Perioden der Strahlung, die dem Übergang zwischen den beiden Hyperfeinstrukturniveaus des Grundzustands des Cäsiumatoms 133 entspricht" definiert. Schon die hier genannte Zahl von Perioden gibt eine gewisse Vorstellung davon, mit welcher Genauigkeit die Sekunde festgelegt werden kann. Um die Definition der Zeiteinheit besser verstehen zu können, müssen wir uns etwas mit der Quantentheorie von Atomen beschäftigen.

4.1 Atomare Fingerabdrücke

Wie uns die Erscheinung des Regenbogens gelegentlich wunderschön vor Augen führt, lässt sich das uns als weiß erscheinende Sonnenlicht in seine spektralen Bestandteile zerlegen. Dabei sind von innen nach außen die Farben von violett bis rot entsprechend ihrer abnehmenden Frequenz aufgereiht. Wenn man mit geeigneten optischen Geräten genauer hinsieht, erkennt man jedoch die Existenz schwarzer Linien im Sonnenspektrum, so genannter Spektrallinien.

Schon früh im 19. Jahrhundert studierte Joseph von Fraunhofer diese Linien im Detail. Man spricht daher häufig auch von den Fraunhoferlinien. Sie stellen präzise Markierungen bei bestimmten Frequenzen dar und Fraunhofer nutzte diese Tatsache bei der Optimierung der von ihm hergestellten optischen Apparate aus.

Gut dreißig Jahre später, in der Mitte des 19. Jahrhunderts, interessierten sich Robert Wilhelm Bunsen und Gustav Robert Kirchhoff für das Licht, das abgestrahlt wird, wenn man bestimmte Substanzen in eine Flamme bringt. Auch hier traten wieder Spektrallinien auf, die aber gewissermaßen das Positiv zum Negativ der Fraunhoferlinien sind.

Es zeigte sich, dass die Spektrallinien eine Art Fingerabdruck der verwendeten Substanz darstellen, die Spektralanalyse war geboren. Ihre Bedeutung wird schon dadurch eindrucksvoll demonstriert, dass es Bunsen, Kirchhoff und anderen auf diese Weise gelang, eine ganze Reihe neuer chemischer Elemente zu finden. Dazu gehört auch das in der Definition der Sekunde vorkommende Cäsium, das Bunsen und Kirchhoff um 1860 aus Mineralwasser isolierten.

Trotz des Erfolgs der Spektralanalyse war den Physikern im ausgehenden 19. Jahrhundert der Ursprung der Spektrallinien noch unbekannt. Neben der Schwarzkörperstrahlung, die wir in Abschnitt 2.2 diskutiert hatten und die auch eng mit dem Namen Kirchhoff verbunden ist, stellten diese Linien ein Rätsel dar, dessen Lösung letzten Endes zur Quantentheorie führte.

Bevor es jedoch soweit war, machte ein Lehrer an der Baseler Töchterschule, der nebenher noch als Privatdozent an der dortigen Universität tätig war, eine interessante Entdeckung. Den Ausgangspunkt stellten die Wellenlängen von vier Linien aus dem Wasserstoffspektrum dar, die der Schwede Anders Jonas Ångström vermessen hatte. Es verging wohl einige Zeit des Herumprobierens, aber dann fand Johann Jakob Balmer eine sehr einfache Gesetzmäßigkeit für diese Wellenlängen. Dabei gelang es ihm, die Ergebnisse von Ångström sehr genau zu reproduzieren. Doch damit nicht genug. Balmer sagte auch die Wellenlängen weiterer, ihm unbekannter Spektrallinien vorher. Noch vor der Publikation seiner Ergebnisse im Jahr 1885 erfuhr er, dass einige dieser Spektrallinien tatsächlich schon bekannt waren und zu seinen Vorhersagen passten.

Haben Sie Lust, Balmers Überlegungen nachzuvollziehen? Die von Ångström gemessenen Wellenlängen, die Balmer verwendet hat, lauten 6562.10, 4860.74, 4340.1 und 4101.2, wobei die Maßeinheit, übrigens Å wie Ångström, hier nicht wichtig ist. Vielleicht haben Sie nicht ganz so viel Zeit wie Balmer, daher sei noch ein Hinweis gestattet. Teilen Sie die Wellenlängen durch 3645.6 (der Taschenrechner ist erlaubt) und versuchen Sie, die Ergebnisse durch möglichst einfache Brüche darzustellen. Diese Brüche lassen sich dann durch die Quadrate ganzer Zahlen ausdrücken. Sollte sich dieses Problem als zu schwierig entpuppen, so dürfen Sie natürlich die Lösung auf Seite 125 nachschlagen. Bedenken Sie aber, dass Balmer weder diese Hinweise kannte noch sicher sein konnte, dass seine Bemühungen überhaupt zum Ziel führen würden.

4.2 Das Atom – ein kleines Planetensystem?

Wie wir heute wissen, bestehen Atome aus einem verhältnismäßig kleinen, dafür umso schwereren Kern aus den positiv geladenen Protonen und den ungeladenen Neutronen. Im Feld dieser positiven Ladung bewegen sich die negativ geladenen Elektronen. Die Anzahl von Protonen und Elektronen ist gleich groß, sodass das Atom insgesamt neutral ist.

Betrachten wir der Einfachheit halber das Wasserstoffatom, das ein einziges Elektron und einen Kern mit nur einem Proton besitzt. Nach der klassischen Vorstellung sollte sich dieses Atom wie ein kleines Planetensystem verhalten, bei dem der Kern die Rolle der Sonne und das Elektron die Rolle der Erde spielt. Tatsächlich hängt die anziehende Kraft zwischen Sonne und Erde und zwischen Proton und Elektron in gleicher Weise vom Abstand der beiden jeweiligen Körper ab. Nur ist im ersten Fall die Anziehung zwischen den beiden Massen wichtig, während es im zweiten Fall die Anziehung zwischen den entgegengesetzten Ladungen ist.

Es gibt nun ein gravierendes Problem. Sowohl die Erde als auch das Elektron führen aufgrund der Anziehungskraft eine beschleunigte Bewegung aus. Für die Erde stellt dies kein Problem dar, wohl aber für das Elektron, denn die Elektrodynamik sagt vorher, dass eine beschleunigte Ladung Energie abstrahlt. Im Grunde genommen handelt es sich bei unserem Wasserstoffatom um eine kleine Antenne. Wenn das Elektron aber Energie verliert, so wird es nach einer gewissen Zeit in den Atomkern stürzen. Dies steht in krassem Widerspruch zur offensichtlichen Stabilität von Atomen.

Nach unseren Überlegungen in Abschnitt 2.3 dürfen wir jedoch über Atome gar nicht im Rahmen der klassischen Physik nachdenken, da typische Wirkungen von der Größenordnung des Planckschen Wirkungsquants sind. Daraus folgt auch, dass wir die Überlegungen zum Welle-Teilchen-Dualismus ernst nehmen müssen. Das Elektron darf nicht mehr selbstverständlich als Teilchen angesehen werden. Dies hat aber zur Konsequenz, dass wir nicht einmal mehr von der Bahn des Elektrons reden dürfen. Die Heisenbergsche Unschärferelation verbietet, dass das Elektron sich gleichzeitig an einem bestimmten Ort befindet und einen bestimmten Impuls besitzt. Es ist also nicht zulässig, sich das Atom wie ein kleines Planetensystem vorzustellen.

Dabei war die Vorstellung des Atoms als Planetensystem eine Zeit lang durchaus modern gewesen – im Rahmen einer Theorie, die wir heute als „alte Quantentheorie" bezeichnen. Neben dem Problem der Schwarzkörperstrahlung war die Suche nach dem Verständnis des Atomaufbaus die wesentliche Motivation für die Entwicklung der Quantentheorie. Hierbei spielte Niels Bohr aus Kopenhagen eine zentrale Rolle. Als er 1913 sein Atommodell vorschlug, nahm er noch an, dass die Elektronen auf Bahnen um den Atomkern laufen. Er konnte noch nichts von der Unschärferelation wissen, die Heisenberg erst 14 Jahre später publizieren sollte.

Um die Stabilität des Atoms zu erklären, forderte Bohr, dass sich die Elektronen nur auf ganz bestimmten Bahnen bewegen dürfen, ganz ähnlich wie eine eingespannte Saite nur mit gewissen Frequenzen schwingen kann. Auf diesen speziellen Bahnen sollten die Elektronen keine Energie verlieren, die Atome waren stabil geworden. Diese „alte Quantentheorie" war zwar für die weitere Entwicklung sehr wichtig, stellte sich letztendlich jedoch als nicht haltbar heraus, obwohl sie in gewissen Grenzfällen auch heute noch von Interesse ist. Aber meistens verhalten sich Atome eben nicht wie kleine Planetensysteme. Eine bessere Theorie musste her.

4.3 Zwei Urlauber auf Entdeckungsreise

Als der gerade mal 23-jährige Werner Heisenberg im Juni 1925 auf Helgoland ankam, meinte seine Zimmerwirtin, er hätte sich wohl am Abend vorher geprügelt, aber sie würde ihn schon wieder hinbekommen. Heisenbergs verschwollenes Gesicht war jedoch nicht die Folge einer Schlägerei, er litt vielmehr unter Heufieber und suchte Linderung auf der Nordseeinsel. Ungestört durch die universitären Pflichten als Privatdozent in Göttingen kam Heisenberg mit seiner Arbeit schnell voran. Ein paar Tage später, es war fast drei Uhr nachts, hatte Heisenberg seine Rechnungen abgeschlossen. Ein Vierteljahrhundert nach Max Plancks Vortrag vor der Deutschen Physikalischen Gesellschaft in Berlin war der Weg zum Verständnis atomarer Phänomene geebnet.

In seiner Autobiographie „Der Teil und das Ganze" erinnert sich Heisenberg: „Im ersten Augenblick war ich zutiefst erschrocken. Ich hatte das Gefühl, durch die Oberfläche der atomaren Erscheinungen hindurch auf einen tief darunter liegenden Grund von merkwürdiger innerer Schönheit zu schauen, und es wurde mir fast schwindlig bei dem Gedanken, daß ich nun dieser Fülle von mathematischen Strukturen nachgehen sollte, die die Natur dort unten vor mir ausgebreitet hatte."[3] An Schlaf war nicht zu denken und so kletterte Heisenberg auf einen Felsen und wartete auf den Sonnenaufgang. 75 Jahre später, am 16. Juni 2000, wurde zur Erinnerung an diesen Durchbruch in der Entwicklung der Quantentheorie ein Gedenkstein auf dem Helgoländer Oberland enthüllt.

Die neue Theorie ist durch ungewöhnliche Rechenregeln gekennzeichnet. Normalerweise kommt es bei der Multiplikation nicht auf die Reihenfolge an. Zwei mal fünf und fünf mal zwei geben das gleiche Resultat, nämlich zehn. In Heisenbergs Theorie werden Ort und Impuls dagegen Größen zugeordnet, bei denen die Reihenfolge der Multiplikation wichtig ist. Max Born in Göttingen erkannte hierin die Regeln der Matrizenrechnung, die in der Mathematik schon wohlbekannt waren. Man taufte die neue Theorie daher Matrizenmechanik.

Bald gab es jedoch Konkurrenz. Erwin Schrödinger, 1887 in Wien geboren und seit 1921 Professor an der Universität Zürich, verbrachte seinen Weihnachtsurlaub 1925 in Arosa. Bereits dreimal war er mit seiner Frau Annemarie dort gewesen, aber in diesem Jahr steckte die Ehe in einer Krise und Annemarie blieb in Zürich.

Um Schrödingers Reise ranken sich einige Geheimnisse. So hat er in seiner Korrespondenz die Anschrift der Pension verwendet, in der er schon mehrfach als Gast gewesen war. Im Gegensatz zu früher fehlt jedoch der Eintrag im Hotelregister. Auch war Schrödinger wohl nicht alleine in Arosa, sondern hatte eine Freundin aus Wiener Zeiten gebeten, ihm Gesellschaft zu leisten. Bis heute kann man aber nur darüber spekulieren, wer diese Freundin war. Auf jeden Fall hatte sie einen sehr positiven Einfluss auf Schrödingers Schaffenskraft, denn dieser Weihnachtsurlaub und die folgenden Monate waren mit Abstand die fruchtbarsten seiner Wissenschaftlerkarriere.

Indem er das Wellenbild ernst nahm, fand Schrödinger eine Gleichung, die es ihm erlaubte, die Spektrallinien des Wasserstoffatoms zu erklären. Die Gleichung, die heute Schrödingers Namen trägt, ist jedoch keineswegs nur zur Beschreibung des Wasserstoffatoms geeignet, sondern bildet das Herzstück der Wellenmechanik.

Anfang 1926 gab es somit auf einmal die Matrizen- und die Wellenmechanik, zwei Formulierungen der Quantentheorie, die auf den ersten Blick kaum verschiedener sein könnten. Während Schrödingers Theorie das Wellenbild favorisiert, spielen bei Heisenberg Ort und Impuls, also Teilcheneigenschaften eine zentrale Rolle. Zunächst wurde heftig diskutiert, welche Theorie die richtige sei, aber wie sich herausstellte, sind beide Theorien gleichwertig und liefern eine richtige Beschreibung von Quantenphänomenen. Im Dezember 1933 bekamen Werner Heisenberg und Erwin Schrödinger den Nobelpreis für Physik verliehen, Heisenberg nachträglich für das Jahr 1932 und Schrödinger zusammen mit Paul Adrien Maurice Dirac für 1933.

Wie schon erwähnt nahm Schrödinger bei seinen Überlegungen den Wellencharakter von Teilchen ernst und entsprechend hat seine Gleichung große Ähnlichkeiten mit der Wellengleichung für elektromagnetische Wellen. Dies hat uns im letzten Kapitel dazu berechtigt, unsere Diskussion der neuartigen Quanteneffekte mit Erklärungen aus der Optik zu versehen.

Es gibt aber einen ganz wichtigen Unterschied. Die Wellengleichung in der Optik ist eine Gleichung für elektrische und magnetische Felder, die sich direkt beobachten lassen. Die Schrödingergleichung dagegen bestimmt die so genannte Wellenfunktion, die sich nicht direkt messen lässt. Mit ihrer Hilfe kann man jedoch die Wahrscheinlichkeit für Messergebnisse berechnen. Beispielsweise lässt sich ausrechnen, mit welcher Wahrscheinlichkeit sich das Elektron im Wasserstoffatom an welchem Ort befindet und welchen Impuls es besitzt. Die Wellenfunktion enthält sämtliche Informationen, die wir über das jeweilige physikalische System besitzen können.

4.4 Frei oder gebunden

Nachdem der Autor erfolgreich der Versuchung widerstanden hat, die Formel für die Schrödingergleichung anzugeben, verzichtet er auch darauf, zu zeigen, wie man sie für das Wasserstoffatom löst. Aber vielleicht interessiert Sie, liebe Leserin oder lieber Leser, was am Ende dieser Rechnung herauskommt.

Was ist aus der Vorstellung von Niels Bohr geworden, dass die stabilen Zustände des Elektrons im Wasserstoff ganz be-

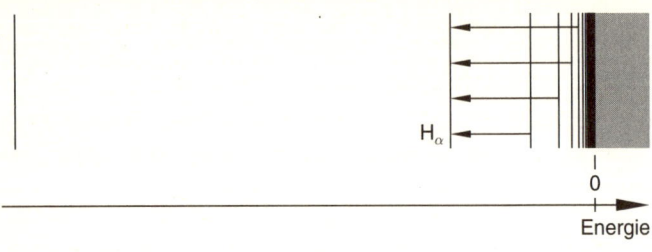

Abb. 7: Aus der Lösung der Schrödingergleichung für das Wasserstoffatom ergeben sich die zulässigen Energien, die als senkrechte Striche markiert sind. Die erlaubten Energien werden mit zunehmender Energie immer dichter, im grauen Bereich ist jede Energie zulässig.

stimmte Bedingungen erfüllen müssen? Die Abbildung 7 stellt die Antwort der Schrödingergleichung dar. Die senkrechten Striche sowie die graue Fläche geben an, dass bei diesen Energien stabile Zustände auftreten. Die Energie nimmt in Richtung des Pfeiles, also nach rechts, zu. Offensichtlich muss man zwischen zwei Bereichen unterscheiden, die durch die mit Null bezeichnete Energie getrennt werden.

Im linken Bereich befinden sich die Zustände, in denen das Elektron an den Kern des Wasserstoffatoms gebunden ist. Das Elektron hält sich in diesem Fall in der Nähe des Kerns auf und kann sich nicht beliebig weit von ihm entfernen. Hier sind nur ganz bestimmte Energien zugelassen, die durch die senkrechten Striche markiert sind. Es sind genau diese Zustände, deren Stabilität Niels Bohr mit seinem Modell erklären wollte. Der Strich ganz links stellt den Zustand geringster Energie dar, der überhaupt möglich ist. Man nennt ihn daher auch Grundzustand.

Auch wenn wir immer wieder davor gewarnt haben, das Planetenmodell für Atome zu wörtlich zu nehmen, wollen wir an dieser Stelle doch noch einmal darauf zu sprechen kommen. Die gerade diskutierten gebundenen Zustände haben dort ihre Entsprechung in der Bewegung der Planeten im Sonnensystem. Auch die Planeten dürfen sich nicht beliebig weit von der Sonne entfernen. Auf den ersten Blick könnte man nun versucht sein, die speziellen erlaubten Energien im Wasserstoffatom damit in Verbindung zu bringen, dass sich die Planeten ja auch nur auf bestimmten Bahnen bewegen. Diese Analogie täuscht jedoch, wie uns all die Raumsonden zeigen, die sich mit vom Menschen beliebig festlegbarer Energie im Sonnensystem bewegen.

Neben den Planeten gibt es aber auch noch Himmelskörper, die aus dem Unendlichen kommen, dem Sonnensystem einen Besuch abstatten, um dann auf Nimmerwiedersehen in den Tiefen des Weltalls zu verschwinden. Gibt es solche Zustände auch beim Wasserstoffatom?

Dies ist in der Tat der Fall, auch wenn man hier wohl kaum von einem Atom sprechen wird. Vielmehr handelt es sich um ein Elektron, das am Wasserstoffkern, also einem Proton, vorbeifliegt und von diesem aufgrund der Anziehung zwischen den beiden Ladungen lediglich abgelenkt wird. Danach entfernt sich das Elektron wieder beliebig weit vom Proton. Da das Elektron in großer Entfernung vom Proton eine beliebige Energie haben kann, gibt es für diese Streuzustände im Gegensatz zu den gebundenen Zuständen keine Bedingung an die Energie des Systems. Dies ist in Abbildung 7 durch den grauen Bereich rechts der Energie Null angedeutet.

Die Schrödingergleichung kann aber noch mehr, als nur anzugeben, welche Energie ein Elektron im Wasserstoffatom besitzen kann. Sie liefert auch die zugehörige Wellenfunktion, die uns unter anderem Auskunft darüber gibt, wie das Elektron um den Atomkern herum verteilt ist. Im Grundzustand, also dem Zustand niedrigster Energie, ist die Elektronenwolke kugelsymmetrisch. Die Wahrscheinlichkeit, das Elektron an einem Ort zu finden, hängt damit nur vom Abstand zum Kern ab. Am wahrscheinlichsten findet man das Elektron im Abstand von etwa fünf milliardstel Zentimetern, dem so genannten Bohrschen Radius. Dies hatte schon Niels Bohr mit Hilfe seiner Theorie vorhergesagt.

Unter den Zuständen höherer Energie befinden sich noch weitere kugelsymmetrische Zustände, bei denen sich das Elektron im Mittel allerdings in größerer Entfernung vom Atom-

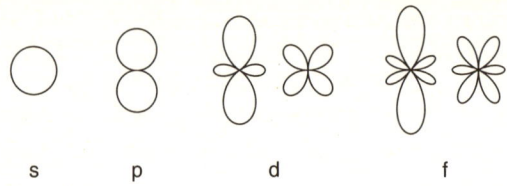

s   p   d   f

Abb. 8: Die s-Zustände des Elektrons im Wasserstoffatom sind kugel-symmetrisch. Bei den anderen Zuständen hängt die Wahrscheinlichkeit, ein Elektron zu finden, von der Richtung ab.

kern befindet. Es gibt aber auch andere Zustände, bei denen die Wahrscheinlichkeit, das Elektron zu finden, von der Richtung abhängt. Einige Beispiele sind in der Abbildung 8 gezeigt. Die Zustände werden üblicherweise mit den angegebenen Buchstaben klassifiziert. Für alle Zustände mit Ausnahme der s-Zustände gibt es Richtungen, in denen man mit Sicherheit kein Elektron findet.

Die räumliche Form der Zustände spielt eine große Rolle für die Struktur von Molekülen und damit für die gesamte Chemie. Auch das Periodensystem der Elemente lässt sich auf der Basis der Elektronenzustände, die wir hier betrachtet haben, verstehen. Ohne Quantentheorie könnte man überhaupt nicht verstehen, wie eine chemische Bindung zustande kommt. Hier öffnet sich das weite und interessante Feld der Quantenchemie. Wir wollen jedoch lieber zu einem Phänomen zurückkehren, das uns in diesem Kapitel schon einmal beschäftigt hat.

4.5 Lücken im Regenbogen

Gelegentlich geben sich Atome zu erkennen, indem sie Licht absorbieren und damit zum Beispiel Lücken im Regenbogenspektrum verursachen, die Joseph von Fraunhofer ausführlich studierte. Umgekehrt können sie auch Licht charakteristischer Frequenzen abstrahlen. Wie kann man diese Vorgänge verstehen?

Im vorigen Abschnitt hatten wir gesehen, dass sich das Elektron im Wasserstoffatom in ganz bestimmten, stabilen Zuständen befinden kann. Wir haben uns auf das einfachste Atom beschränkt, entsprechende Überlegungen gelten aber auch für kompliziertere Atome. Allerdings ergeben sich die in Abbildung 7 gezeigten Energien nur für Wasserstoff. Jede Atomsorte besitzt ihre individuellen Energien, bei denen stabile Zustände existieren können.

Unter bestimmten Umständen kann ein Elektron nun in einen anderen Zustand übergehen. Dabei ändert sich die Energie des Elektrons. Da jedoch weder Energie aus dem Nichts entstehen noch verloren gehen kann, muss hier noch mehr passieren: Licht wird absorbiert oder emittiert. Wir müssen demnach zwei Vorgänge unterscheiden.

Nehmen wir an, dass sich das Atom zunächst im Grundzustand befindet. Da dies der Zustand mit der niedrigsten Energie ist, sind nur Übergänge zu höheren Energien möglich. Das Atom geht in einen angeregten Zustand über, wobei Energie in Form von Licht zugeführt wird. Das Elektron absorbiert also ein Photon, dessen Frequenz gerade zur Energiedifferenz zwischen Grundzustand und angeregtem Zustand passt. Da die Energien der möglichen Zustände charakteristisch für die Atomsorte sind, können die absorbierten Frequenzen benutzt werden, um Atome zu identifizieren.

Umgekehrt kann ein Elektron, das sich in einem angeregten Zustand befindet, unter Aussendung eines Photons wieder in einen energetisch niedrigeren Zustand gelangen. Dies kann spontan, also ohne äußeren Einfluss, geschehen. Man spricht dann entsprechend von spontaner Emission.

Eine zweite Möglichkeit ist die stimulierte Emission, bei der die Anwesenheit eines Photons der richtigen Frequenz den Übergang eines Elektrons in einen energetisch niedrigeren Zustand auslöst. Dabei wird dann ein weiteres Photon mit dieser Frequenz ausgesandt. Dieser Prozess spielt vor allem beim Laser eine wichtige Rolle. Die Buchstaben s und e in der Bezeichnung Laser stehen ja gerade für stimulierte Emission.

Die spontane Emission erklärt dagegen die von Bunsen und Kirchhoff beobachteten Spektrallinien. Wird ein Atom beispielsweise in einer Flamme angeregt, so geht es anschließend unter Aussendung eines Photons in einen energetisch tieferen Zustand über. Die dabei auftretenden Frequenzen hängen unmittelbar mit den im Atom erlaubten Energien zusammen. Da die Spektrallinien spezifisch für die Atomsorte sind, konnten Bunsen und Kirchhoff auf diese Weise noch unbekannte Atome identifizieren. Spektrallinien sind so etwas wie ein atomarer Fingerabdruck.

Wir können nun auch die Fraunhoferlinien erklären. Im Sonnenlicht gibt es Photonen, die gerade die richtige Frequenz haben, um ein Atom in einen energetisch höheren Zustand anzuregen. Zwar kann dieser Prozess auch wieder umgekehrt werden, wobei ein Photon der gleichen Frequenz ausgesandt wird. Allerdings geschieht dies in eine zufällige Richtung. Es kommt so gut wie nie vor, dass das neue Photon die Bahn des ursprünglichen Photons fortsetzt. Das Licht, das auf dem Weg von der Sonne zur Erdoberfläche von Atomen absorbiert und wieder emittiert wird, gelangt also meistens nicht zur Erde. Die entsprechende Frequenz fehlt dann im Regenbogen, den wir, mit entsprechend guten optischen Instrumenten, auf der Erde beobachten.

Kehren wir noch einmal zu Johann Jakob Balmer, dem Basler Lehrer, der die Spektrallinien des Wasserstoffs analysierte, zurück. Die auf Seite 48 f. genannten vier Wellenlängen gehören zu Übergängen, die in Abbildung 7 durch Pfeile eingezeichnet sind. Wir sehen, dass alle Übergänge beim zweitniedrigsten Energieniveau enden. Dies ist auch für die von Balmer vorhergesagten Spektrallinien der Fall. Man spricht hier von der Balmer-Serie. Die Energiedifferenzen der eingezeichneten Übergänge entsprechen Frequenzen, die im sichtbaren Bereich des Spektrums liegen. Die vier Spektrallinien werden mit dem Buchstaben H für Wasserstoff und griechischen Buchstaben bezeichnet. Die erste Linie, demnach die H_α-Linie liegt im roten Bereich. Sie ist unter anderem mit für die Schönheit astronomischer Fotografien, zum Beispiel des Orionnebels, verantwortlich.

Übergänge in den Grundzustand gehören zu wesentlich größeren Energiedifferenzen und damit auch Frequenzen. Die entsprechenden Linien, die die so genannte Lyman-Serie bilden, liegen daher im Ultravioletten und sind mit dem bloßen Auge nicht zu sehen. Ebenfalls unsichtbar ist die zum dritten und vierten Zustand führende Paschen- beziehungsweise Brackett-Serie. In diesem Fall sind die Energiedifferenzen zu klein und die Linien befinden sich im Bereich des Infrarot.

Am Ende dieses Abschnitts ist es höchste Zeit, dass wir dem Leser etwas beichten. Ganz so einfach, wie in Abbildung 7 dargestellt, ist die Situation leider nicht. Zwar entsprechen die eingezeichneten Energien denen, die man aus der von Schrödinger aufgestellten Gleichung erhält. Es gibt jedoch, auf dem Maßstab der Abbildung 7 winzigste, Korrekturen. Wenn man genau hinsieht, dann würde zum Beispiel der Grundzustand aus zwei energetisch sehr eng beieinander liegenden Zuständen bestehen.

Wenn wir uns tatsächlich für solche Feinheiten interessieren, dann bewegen wir uns im Vergleich zu der bisherigen Diskussion in einer ganz anderen Liga. Waren bisher Übergänge zwischen Zuständen typischerweise mit elektromagnetischer Strahlung im sichtbaren Bereich verknüpft, so entspricht der Übergang zwischen den beiden Grundzustandsniveaus einer Wellenlänge von 21 Zentimetern. Wir sind damit im Mikrowellenbereich. Sollten Sie einen Mikrowellenherd ihr Eigen nennen, so können Sie das vielleicht durch einen Blick in die Betriebsanleitung, eventuell nach einer Umrechnung von Frequenz in Wellenlänge, bestätigen. Und für die Anhänger mobiler Telefonie: Mit unserem Wasserstoffübergang befinden wir uns gerade zwischen D- und E-Netz.

Wie schon die H_α-Linie, so ist auch die Linie bei 21 Zentimetern für die Astronomen, genauer die Radioastronomen, von Interesse. Die Idee von Edward Mills Purcell, die 21 Zentimeter-Strahlung zu beobachten, und die Fertigstellung eines entsprechenden Radioteleskops im März 1951 waren der Startschuss zu einer rasanten Entwicklung der Radioastronomie. Dieser Wellenlängenbereich wurde im Rahmen des Projekts Phoenix auch dazu benutzt, nach intelligenten Außerirdischen zu suchen, bisher allerdings ohne Erfolg.

Die winzige Aufspaltung des Wasserstoffgrundzustands, von der hier die Rede ist, kommt dadurch zustande, dass sich sowohl der Wasserstoffkern, also das Proton, als auch das Elektron wie kleine Magnete verhalten, die miteinander wechselwirken. Dies führt zur Bildung zweier so genannter Hyperfeinstrukturniveaus.

Erinnern Sie sich noch an unseren Ausflug nach Paris und zum Pavillon de Breteuil? Wir hatten ihn zum Anlass genommen, ein bisschen über den Nutzen der Quantenmechanik bei der Festlegung von Maßeinheiten nachzudenken, und dabei die Definition der Sekunde zitiert. Auch dort spielt der Übergang zwischen den beiden Hyperfeinstrukturniveaus des Grundzustands eine zentrale Rolle, nur dass es sich nicht um den Grundzustand des Wasserstoffs, sondern des Cäsiums handelt.

Es gilt jetzt also, mit möglichst hoher Präzision eine Energiedifferenz von Cäsiumzuständen zu vermessen, um die Sekunde möglichst genau zu kennen. Obwohl Spektroskopie im Allgemeinen schon eine recht genaue Angelegenheit ist, gibt es Forscher, die auch heute noch daran tüfteln, diese Messungen zu verbessern. Je genauer man Zeiten messen kann, desto genauer kann man zum Beispiel im Zeitalter des globalen Positionierungssystems GPS navigieren.

4.6 Es muss nicht immer nur ein Zustand sein

„Sie ist so genau, daß erst in 1 Million Jahren eine Gangabweichung von 1 Sekunde zu erwarten ist." So steht es in der Anleitung zu meiner Funkuhr über die Zeitbasis der Physikalisch-Technischen Bundesanstalt in Braunschweig. Zwar ist zu vermuten, dass es die PTB in einer Million Jahren nicht mehr geben wird. Dennoch gibt dieser Satz einen guten Eindruck von der schier unglaublichen Genauigkeit, mit der man heute die Zeit darstellen kann. Dies ist so ähnlich, als würde man sagen, die Entfernung zum Mond ließe sich auf einen tausendstel Millimeter genau bestimmen. In Wirklichkeit geht das mit einer Genauigkeit von einigen Millimetern und das ist schon erstaunlich genug. Allerdings ist auch dabei wieder entscheidend, dass sich Zeiten besonders gut messen lassen.

Um die Sekunde darzustellen, muss man die auf Seite 47 gegebene Definition umsetzen. Man nimmt eine Mikrowellenquelle, deren Frequenz so eingestellt wird, dass sie gerade der Übergangsfrequenz der genannten Cäsiumzustände entspricht. Dann braucht man nur noch die Zahl der Schwingungen zu zählen und wenn man (oder vielleicht doch besser ein elektronischer Zähler) bei 9 192 631 770 angekommen ist, ist eine Sekunde vergangen. Doch wie stellt man die Mikrowellenquelle mit der nötigen Genauigkeit ein?

Norman Foster Ramsey hatte hier die entscheidende Idee. Er machte sich dabei das Phänomen der Interferenz, das wir in Abschnitt 3.2 kennen gelernt haben, zunutze und erfand eine Anordnung, die wir heute als Ramsey-Interferometer bezeichnen.

Erinnern Sie sich noch an die Abbildung 2, in der die Interferenz hinter einem Doppelspalt dargestellt ist? Rechts des Doppelspalts waren zwei Wellen zu sehen, die sich überlagern. Ein solches Bild kann man auch erzeugen, indem man zwei Steine in einen Teich wirft. Allerdings gibt es eine Menge Möglichkeiten, verschiedene Muster zu erzeugen.

Treffen die beiden Steine zu verschiedenen Zeiten auf die Wasseroberfläche, so wird es meistens so sein, dass sich in der Mitte der beiden kreisförmigen Wellen nicht gleichzeitig ein Wellenberg befinden wird. Die beiden Wellen sind dann nicht in Phase, wie man sagt. Die Überlagerung der beiden Wellen sieht in diesem Fall anders als in Abbildung 2 aus. Man könnte auch zwei verschieden schwere Steine verwenden. Dann wäre die Amplitude der einen Welle größer als die der anderen Welle und wieder würde sich ein neues Bild der beiden überlagerten Wellen ergeben. Schließlich könnte man mehr als zwei Steine ins Wasser werfen und damit sehr komplizierte Wellenmuster erzeugen.

Entsprechendes gilt auch für Elektronen. In Abbildung 4 hatten wir ein Experiment dargestellt, mit dem man die Interferenz von Elektronen beobachten kann. Dabei konnte die Elektronenwelle links oder rechts um den Draht herum laufen. Man kann dies als Überlagerung zweier Zustände auffassen. Einer der Zustände entspricht der linken Welle, während der andere Zustand zur rechten Welle gehört. Auch hier kann man den Anteil des einen Zustands im Vergleich zum anderen verändern oder die Phase zwischen den beiden Wellen beeinflussen.

Man kann jedoch nicht nur räumlich getrennte Zustände überlagern. Eine andere Möglichkeit besteht darin, Zustände verschiedener Energie zu verwenden. Ein Elektron kann sich im Wasserstoffatom beispielsweise in einer Überlagerung von zwei oder mehr Zuständen befinden, die wir in Abbildung 7 durch die senkrechten Striche markiert hatten. Auch in diesem Fall kommt es zu Interferenzerscheinungen, die gerade die Grundlage für die Funktion des Ramsey-Interferometers bilden.

Diese Überlegungen lassen sich direkt auf das Cäsiumatom anwenden, mit dessen Hilfe wir die Sekunde bestimmen wollen. Im Gegensatz zum Wasserstoff besitzt jedes Cäsiumatom 55 Elektronen und ist damit eigentlich ein recht kompliziertes System. Für unsere Zwecke genügt es aber, ein einziges dieser Elektronen zu betrachten. Außerdem beschränken wir uns auf die beiden Zustände, deren Energiedifferenz wir vermessen wollen. Das Elektron kann sich nun in einem der beiden Zustände befinden – oder einer von unendlich vielen Überlagerungen der beiden.

Um nicht die Übersicht zu verlieren, ist es günstig, jeder Überlagerung einen Punkt auf einer Kugel zuzuordnen, wie sie in Abbildung 9 gezeigt ist. Tatsächlich entspricht jeder Punkt auf dieser nach Felix Bloch benannten Kugel einer bestimmten Überlagerung der beiden Zustände. Um die Sache anschaulicher zu machen, stellen wir uns die Bloch-Kugel wie eine Art Erde mit Nord- und Südpol sowie Äquator vor.

Die beiden Zustände, die durch die Pole repräsentiert sind, entsprechen den beiden Zuständen, aus denen wir die Überla-

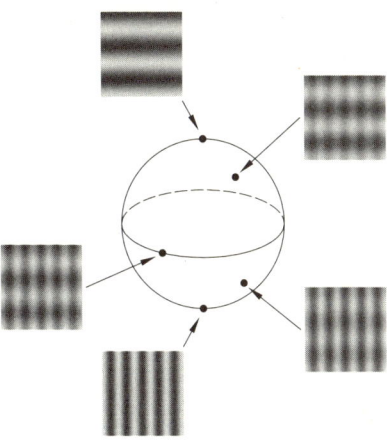

Abb. 9: Alle Überlagerungen von zwei Zuständen lassen sich auf der Bloch-Kugel darstellen.

gerungen bilden. Wir nennen diese Zustände der Einfachheit halber den oberen und den unteren Zustand. In den kleinen Bildern der Abbildung 9 sind sie als waagerecht und senkrecht laufende Wellen dargestellt. Auf dem Äquator dagegen liegen alle Zustände, die zu gleichen Teilen aus oberem und unterem Zustand bestehen. Diese Zustände unterscheiden sich in ihrer relativen Phase, wie das schon der Fall war, als wir Steine zu verschiedenen Zeiten ins Wasser geworfen und immer wieder ein anderes Wellenmuster erhalten haben. Schließlich gibt es noch die Zustände auf der Nord- und Südhalbkugel. Hierbei handelt es sich um Überlagerungen, bei denen einer der beiden Zustände überwiegt, ähnlich der Situation, wenn man einen leichten und einen schweren Stein ins Wasser wirft.

Die Zustände, von denen hier die Rede ist, entwickeln sich im Laufe der Zeit. Auch hier kann uns die Analogie mit der Erde helfen. Stellen wir uns vor, wir säßen in einem Raumschiff. Mit der Sonne immer in unserem Rücken blicken wir hinunter auf die beschienene Erde und konzentrieren uns auf den Punkt, der direkt unter uns liegt. Im Laufe eines Tages mag dieser Punkt mal in Europa, mal in Amerika oder in

Asien liegen. Nachdem ein Tag vergangen ist, liegt wieder der anfängliche Punkt unter uns.

Ganz ähnlich ändern sich auch die Zustände auf der Bloch-Kugel in periodischer Weise – bis auf zwei Zustände, die durch die Pole der Kugel dargestellt werden. Dies sind gerade die beiden Zustände, aus denen wir die Überlagerungen bilden. Sie sind in der Tat ganz besondere Zustände.

Die Dauer eines Tages auf der Bloch-Kugel, also die Zeit, bis ein Zustand wieder in sich selbst übergegangen ist, hängt mit der Energiedifferenz zwischen oberem und unterem Zustand zusammen, die uns ja gerade interessiert. Mit Hilfe des Planckschen Wirkungsquants ergibt sich aus dieser Energiedifferenz die Frequenz, mit der sich die Kugel dreht.

4.7 Ein Springbrunnen als Uhr

Die Aufgabe besteht nun darin, eine Mikrowellenquelle so einzustellen, dass eine Schwingung der Mikrowelle gleich lang dauert wie eine Umdrehung der Bloch-Kugel. Um dies möglichst präzise zu bewerkstelligen, ist es günstig, die Differenz zwischen beiden Zeiten direkt zu messen. Dies lässt sich mit einer Balkenwaage vergleichen, auf der man selbst größere Gewichte recht genau messen kann. Der Grund dafür ist, dass der Zeigerausschlag nicht das zu messende Gewicht anzeigt, sondern den eventuell sehr kleinen Unterschied zwischen einem bekannten Gewicht in der einen Waagschale und dem unbekannten Gewicht in der anderen.

Wie wir im letzten Abschnitt erwähnt hatten, lässt sich die Aufgabe mit Hilfe des Ramsey-Interferometers lösen. Der Name deutet bereits an, dass dabei Interferenz, und somit die Überlagerung von Zuständen, eine Rolle spielt. Wir wollen daher zunächst die Funktionsweise dieses Interferometers auf der Bloch-Kugel veranschaulichen und uns dann die praktische Realisierung näher ansehen.

Die Cäsium-Atome, die bei der Messung verwendet werden, befinden sich zunächst in einem der beiden durch die Pole der Bloch-Kugel symbolisierten Zustände. Wir wollen annehmen,

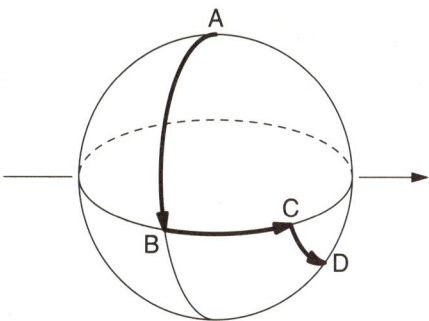

Abb. 10: Die Funktionsweise eines Ramsey-Interferometers lässt sich auf der Bloch-Kugel darstellen. Die Drehungen von A nach B und C nach D erfolgen um die eingezeichnete Achse. Die Bewegung von B nach C hängt vom Unterschied zwischen der tatsächlichen und der einzustellenden Frequenz des Mikrowellenfeldes ab.

dass es sich um den oberen Zustand handelt, der in Abbildung 10 durch den Buchstaben A markiert ist.

Wenn wir die Drehung der Bloch-Kugel messen wollen, dann ist dieser Zustand jedoch wenig hilfreich, da er sich bei der Drehung überhaupt nicht ändert. Am besten wäre ein Zustand auf dem Äquator. Man erzeugt also eine Überlagerung von oberem und unterem Zustand, der durch den Punkt B markiert ist. Auf der Bloch-Kugel bedeutet dies eine Vierteldrehung um die eingezeichnete Achse.

Jetzt begeben wir uns, wie schon im letzten Abschnitt, in ein Raumschiff und betrachten die Erde alias Bloch-Kugel. Im übertragenen Sinn müssen wir jetzt die Geschwindigkeit des Raumschiffes so regeln, dass wir uns immer über dem gleichen Punkt der Erde befinden. Stellen wir fest, dass unser Bezugspunkt zurückbleibt, so fliegen wir zu schnell. Läuft uns der Bezugspunkt dagegen davon, so fliegen wir zu langsam. Indem wir uns mit der Beobachtung sehr viel Zeit lassen, können wir auch kleinste Abweichungen feststellen und damit die Geschwindigkeit des Raumschiffes sehr genau einstellen.

Wenn die Geschwindigkeit unseres Raumschiffs – oder die Frequenz der Mikrowelle – nicht richtig eingestellt ist, wird der Punkt B in Abbildung 10 im Laufe der Zeit vielleicht in den Punkt C wandern. Während wir das vom Raumschiff sehr leicht beobachten können, müssen wir uns für das Ramsey-Interferometer hierfür noch etwas einfallen lassen.

Statt der Position auf dem Äquator kann man für Cäsiumatome viel besser die Lage des Zustands relativ zu den Polen bestimmen. Dies würde auf der Erde der geographischen Breite entsprechen. Wie eine solche Messung in der Praxis funktioniert, werden wir später noch sehen. Um die Lage des Punkts C auf dem Äquator zu bestimmen, führt man daher eine Vierteldrehung um die gleiche Achse wie zu Beginn durch. Auf diese Weise ergibt sich der Punkt D.

Nehmen wir zunächst an, dass wir die Geschwindigkeit des Raumschiffs genau richtig eingestellt haben. In diesem Fall liegen die Punkte B und C an derselben Stelle. Eine Vierteldrehung bringt den Punkt C dann in den Südpol. Auf das Ramsey-Interferometer übertragen heißt dies: Findet man die Cäsiumatome am Ende immer im unteren Zustand, so ist die Frequenz der Mikrowelle genau richtig eingestellt. Dabei muss man allerdings sicherstellen, dass der Punkt C nicht deswegen mit dem Punkt B zusammenfällt, weil in der Wartezeit eine oder mehrere Umdrehungen der Bloch-Kugel stattgefunden haben.

Fallen die Punkte B und C jedoch nicht zusammen, so wird die Drehung zu einem Punkt D führen, der je nach Lage des Ausgangspunktes C irgendwo auf der Bloch-Kugel liegt. In der Abbildung 10 befindet sich der Punkt D beispielsweise auf der Südhalbkugel. Würde der Punkt C dagegen hinter dem Durchstoßpunkt der Drehachse durch den Äquator liegen, so läge der Punkt D auf der Nordhalbkugel. Wenn B und C genau gegenüber liegen, ist der Endpunkt D der Nordpol. In diesem Fall würde man die Cäsiumatome am Ende immer im oberen Zustand finden.

Die Lage des Punkts D gibt uns also tatsächlich Auskunft darüber, wie gut wir die Geschwindigkeit des Raumschiffes mit der Erddrehung synchronisiert haben oder wie gut die Schwingungsdauer der Mikrowelle mit der Dauer einer Um-

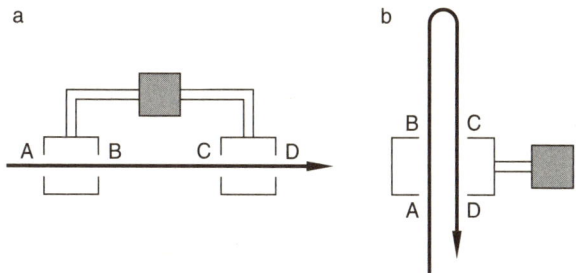

Abb. 11: a) Ramsey-Interferometer, b) alternativer Aufbau als atomarer Springbrunnen. Die Pfeile deuten die Flugbahn der Atome an. In grau ist die Quelle dargestellt, die die Resonatoren mit Mikrowellenstrahlung versorgt. In den Resonatoren wird eine Überlagerung von Atomzuständen produziert.

drehung der Bloch-Kugel übereinstimmt. Und letztere soll in unserem Fall ja gerade durch die Frequenz eines Übergangs zwischen den beiden Zuständen des Cäsiumatoms gegeben sein, die die Sekunde definieren.

Wir haben nun ein Konzept zur Bestimmung der Sekunde, aber bis jetzt ist alles noch graue Theorie. Wie kann man diese Idee in die Praxis umsetzen? Zunächst bringt man die Cäsiumatome mit Hilfe von Photonen in den oberen der beiden Zustände, die uns interessieren. Damit befindet sich das Atom am Punkt A der Abbildung 10 und auch am Punkt A der Abbildungen 11a und b. In der Abbildung 11 wollen wir nun die Bahn der Atome, die durch die dicken Linien dargestellt ist, verfolgen. Wir beschränken uns dabei zunächst auf das links dargestellte Ramsey-Interferometer.

Als Nächstes müssen wir die Vierteldrehung zum Punkt B durchführen. Dies geschieht in einem sogenannten Resonator, der durch das linke Rechteck angedeutet ist. Dieser Resonator wird von der grau dargestellten Mikrowellenquelle gespeist, deren Frequenz wir einstellen wollen. Wie in einem Mikrowellenofen sind die Atome im Resonator dem Mikrowellenfeld ausgesetzt.

Im Bild der Bloch-Kugel lässt sich die Auswirkung des Feldes auf das Atom gerade durch eine Drehung um die in

Abbildung 10 gezeigte Achse beschreiben. Ist die Zeit, die die Atome zum Flug durch den Resonator benötigen, richtig gewählt, so befinden sich die Atome beim Verlassen des Resonators in einer Überlagerung, die zu gleichen Teilen aus dem oberen und dem unteren Zustand besteht. Der Punkt B auf dem Äquator der Bloch-Kugel ist erreicht.

So wie sich das Elektron in Abbildung 4 auf Seite 34 in einer Überlagerung einer linken und einer rechten Welle befand, liegen die Cäsiumatome jetzt in einer Überlagerung des oberen und des unteren Zustands vor. Der einzige Unterschied besteht darin, dass wir es nicht mit einer räumlichen, sondern mit einer energetischen Trennung zu tun haben. Nachdem die Atome in einer Überlagerung zweier Zustände sind, kann das Interferenzexperiment beginnen!

Jetzt folgt die entscheidende Phase, die uns von Punkt B nach C bringt, wo sich ein zweiter Resonator für die anschließende Vierteldrehung befindet. Während sich der Zustand der Cäsiumatome auf dem Weg von B nach C zeitlich entwickelt, schwingt das Mikrowellenfeld entsprechend der eingestellten Frequenz. Hier erfolgt also der Vergleich zwischen der atomaren Übergangsfrequenz und der Frequenz des Mikrowellenfeldes. Die Zeitdauer für diesen Vergleich wird durch den Abstand der beiden Resonatoren und die Geschwindigkeit der Atome festgelegt.

Im zweiten Resonator, der von der gleichen Mikrowellenquelle gespeist wird wie der erste Resonator, erfolgt nun die Drehung von Punkt C nach D. Am Ende befinden sich die Atome in einer Überlagerung von oberem und unterem Zustand. Je näher sich der Punkt D am Nordpol der Bloch-Kugel befindet, umso größer ist der Anteil des oberen Zustandes. Umgekehrt ist der Anteil des unteren Zustandes umso größer, je näher sich der Punkt D am Südpol befindet.

Um den abschließenden Schritt vollziehen zu können, müssen wir uns den Abschnitt 3.5 in Erinnerung rufen. Dort hatten wir uns ein Interferenzexperiment für ein einziges Elektron angesehen. Wir hatten gefunden, dass in diesem Fall auf dem Schirm kein Interferenzmuster zu beobachten ist. Vielmehr wird das Elektron an einem gewissen Ort auf dem Schirm auftreffen. Erst durch Beobachtung vieler Elektronen findet man das Interferenzmuster.

Genauso verhält es sich mit der Überlagerung von unterem und oberem Zustand des Cäsiumatoms. Fragen wir in einer Messung, ob der untere Zustand vorliegt, so bekommen wir eine klare Antwort, die entweder ja oder nein lautet. Die Wahrscheinlichkeit für eine positive Antwort ist aber durch den Anteil des unteren Zustands an der Überlagerung gegeben. Um diesen Anteil zu bestimmen, müssen wir die Messung also einfach nur an vielen Atomen durchführen.

Um zwischen dem oberen und unteren Zustand zu unterscheiden, macht man sich zunutze, dass das Elektron im unteren Zustand stärker an den Kern des Cäsiumatoms gebunden ist. Versucht man nun, mit Hilfe eines elektrischen Feldes das Elektron aus der Bindung an den Atomkern zu befreien, so benötigt man für den unteren Zustand ein stärkeres Feld als für den oberen Zustand.

Damit haben wir unser Ziel erreicht. Wir können den Anteil des unteren Zustands an der Überlagerung bestimmen und kennen damit die geographische Breite des Punkts D auf der Bloch-Kugel. Wie wir uns überlegt hatten, haben wir damit auch die benötigte Information über die Verstimmung zwischen der Mikrowellenfrequenz und der Frequenz, die durch das Cäsiumatom vorgegeben wird. Die Mikrowellenquelle lässt sich nun sehr genau einstellen. Entsprechend genau kennt man dann auch die Dauer einer Sekunde.

Die Interferenz von zwei Lichtwellen in Abbildung 2 auf Seite 26 war durch den Wechsel von hellen und dunklen Streifen auf einem Schirm gekennzeichnet. Eine entsprechende Beobachtung kann man auch beim Ramsey-Interferometer machen. Verändert man die Frequenz des Mikrowellenfeldes, so verändert sich der Anteil des unteren Zustands an der Überlagerung. Dies geschieht in periodischer Weise, da sich der Punkt C mit zunehmender Verstimmung auf dem Äquator der Bloch-Kugel verschiebt und schließlich wieder den Punkt B erreicht.

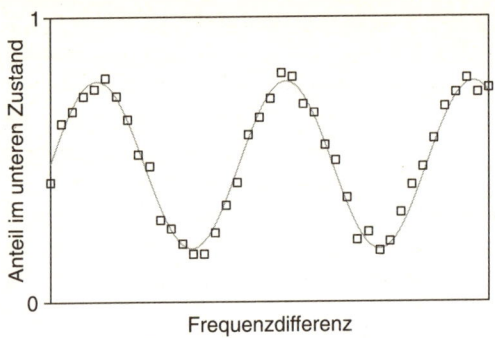

Abb. 12: Im Ramsey-Interferometer wird die Interferenz zwischen verschiedenen Atomzuständen ausgenutzt. Die gezeigten Daten wurden von der Gruppe um Serge Haroche an Rubidiumatomen gemessen.[4]

In Abbildung 12 ist dies für ein Experiment gezeigt, das in der Gruppe von Serge Haroche am Laboratoire Kastler Brossel in Paris durchgeführt wurde. Statt Cäsiumatomen wurden hier Rubidium-Atome verwendet. Wir haben dieses spezielle Experiment ausgewählt, weil es uns später noch beschäftigen wird. Deutlich ist in der Abbildung zu sehen, wie sich der Anteil des unteren Zustands an der Überlagerung als Funktion der Verstimmung der Mikrowellenfrequenz periodisch ändert.

Auch heute noch versucht man, die Genauigkeit der Zeitbestimmung zu verbessern. Dies kann zum Beispiel für die Navigation von Nutzen sein. Will man das Ramsey-Interferometer beibehalten, so muss man die Flugzeit zwischen den beiden Resonatoren möglichst groß machen. Aus diesem Grund sind Atomuhren meistens recht lang. Alternativ könnte man auch die Geschwindigkeit der Atome verringern.

Bei Zimmertemperatur bewegen sich die meisten der Luftmoleküle um uns herum mit Geschwindigkeiten von mehr als tausend Stundenkilometern, ohne dass wir etwas davon merken. Um ein Gas langsamer Atome zu erhalten, muss man dieses abkühlen. Heute gelingt dies bis hinunter zu Temperaturen, die knapp über dem absoluten Nullpunkt liegen. Man spricht dann von ultrakalten Atomen. Für Arbeiten zu diesem Thema wurde 1998 der Nobelpreis an Claude Cohen-Tannoudji, Steven Chu und William Phillips verliehen.

Ultrakalte Atome sind so langsam, dass man mit ihnen gewissermaßen wie mit einem Ball spielen kann. In Abbildung 11 b zeigt die dicke Linie die Flugbahn in einem atomaren Springbrunnen. Die Atome, die zunächst langsam nach oben fliegen, werden im Schwerefeld der Erde abgebremst und fallen schließlich wieder nach unten. Wegen der geringen Geschwindigkeit der Atome ist die Flugzeit recht lang. Zusätzlich hat diese Anordnung den Vorteil, dass man ein Ramsey-Interferometer mit nur einem Resonator aufbauen kann, da der gleiche Resonator zweimal durchflogen wird. Mit solchen atomaren Springbrunnen will man extrem genaue Uhren bauen.

5. Das Vakuum ist überhaupt nicht leer

Es ist wohl eher selten, dass ein Bürgermeister durch physikalische Experimente öffentlich in Erscheinung tritt. Einer von ihnen jedoch durfte sogar 1654 auf dem Regensburger Reichstag und später am Hofe des Großen Kurfürsten in Berlin seine Versuche vorführen. Aufsehen erregend muss es gewesen sein, als der Magdeburger Bürgermeister in seiner Heimatstadt eine aus zwei Halbkugeln zusammengesetzte Kugel luftleer pumpte und versuchte, diese mit Hilfe von zwei Pferdegespannen wieder zu trennen. Otto von Guerickes Magdeburger Halbkugelversuch, der mit verschiedenen Halbkugeln und unterschiedlicher Pferdezahl wiederholt durchgeführt wurde, bewies zusammen mit dessen anderen Experimenten sowie beispielsweise den Ergebnissen von Blaise Pascal die Existenz des Vakuums. Damit war die im Mittelalter vorherrschende Ansicht des horror vacui, der Scheu der Natur vor dem Leeren, widerlegt. Auch wenn das Vakuum von Guerickes natürlich keine absolute Leere darstellte, so kann man sich doch zumindest im Prinzip einen vollkommen leeren Raum vorstellen. Allerdings hat hier die Quantenmechanik auch noch ein Wörtchen mitzureden.

5.1 Das Pendel kommt nicht zur Ruhe

Um mit einer Pendeluhr eine möglichst genaue Messung der Zeit zu erreichen, muss man dafür sorgen, dass das Pendel nicht zu sehr ausschlägt. Solche Uhren haben daher häufig eine Markierung, an der sich die Schwingungsamplitude, also der maximale Ausschlag des Pendels, ablesen lässt. Das Besondere an kleinen Ausschlägen ist, dass die Dauer einer Schwingung praktisch unabhängig von der Amplitude ist. Das Pendel führt dabei eine sinusförmige oder auch harmonische Schwingung aus. Man bezeichnet daher ein Pendel, wie es schematisch in Abbildung 13a dargestellt ist, für kleine Auslenkungen auch als harmonischen Oszillator.

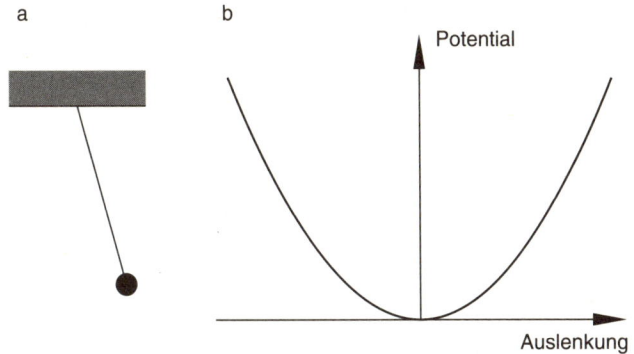

a b

Potential

Auslenkung

Abb. 13: a) Ein Pendel verhält sich bei kleinen Auslenkungen wie ein harmonischer Oszillator. Die Dauer einer Schwingung ist dann unabhängig von der Schwingungsamplitude. b) Das Potential eines harmonischen Oszillators nimmt quadratisch mit der Auslenkung zu.

Die Unabhängigkeit der Periodendauer von der Amplitude ist charakteristisch für den harmonischen Oszillator und eine Konsequenz davon, dass die potentielle Energie quadratisch mit der Auslenkung des Oszillators anwächst. Das entsprechende Potential ist in Abbildung 13 b dargestellt. Wir können uns wie schon in Abschnitt 3.7 vorstellen, dass darin eine Kugel reibungsfrei hin- und herrollt. Wenn wir die Kugel irgendwo in diesem Potential aus der Ruhe loslaufen lassen, wird die Kugel immer die gleiche Zeit benötigen, um zum Ausgangspunkt zurückzukehren. Dies gilt sogar für beliebig große Auslenkungen!

Wie beim Pendel stellt ein harmonischer Oszillator allerdings häufig nur eine Idealisierung eines realen Systems dar. Trotzdem spielt der harmonische Oszillator in der Physik eine große Rolle, denn oft sind solche Näherungen hilfreich, um das Verhalten eines Systems zu verstehen. Fast immer wenn ein Potential ein Minimum besitzt – das Potential in Abbildung 5 hat sogar zwei – sieht das Potential in der Nähe des Minimums wie in Abbildung 13 b aus.

Die näherungsweise Beschreibung mit Hilfe eines harmonischen Oszillators ist deswegen nützlich, weil man dessen Verhalten im Gegensatz zu den meisten anderen physikalischen Systemen exakt berechnen kann. Dies gilt nicht nur in der klassischen Physik, sondern ebenso in der Quantenphysik. Der harmonische Oszillator ist daher auch besonders geeignet, einige grundlegende Aspekte der Quantentheorie zu demonstrieren.

Ein weiterer Grund zur Beschäftigung mit dem harmonischen Oszillator ist die Tatsache, dass dieser zur Beschreibung von elektromagnetischen Feldern in der Quantentheorie dient, und das sogar ohne jede Näherung. Die Schwingungsfrequenz des Oszillators entspricht dabei der Frequenz der elektromagnetischen Welle. In diesem Zusammenhang werden wir auch Interessantes über das Vakuum in der Quantentheorie erfahren.

Zunächst wollen wir jedoch den Grundzustand des harmonischen Oszillators, also seinen Zustand niedrigster Energie, untersuchen. In der klassischen Physik ist die Situation einfach und lässt sich leicht anhand eines Pendels verstehen. Dieses hat die niedrigste Energie, wenn sich der Pendelkörper im tiefstmöglichen Punkt in Ruhe befindet. Dadurch werden sowohl die Bewegungsenergie als auch die potentielle Energie minimiert. Die Kugel würde in unserem Bild des Potentialgebirges im tiefsten Punkt des Potentials der Abbildung 13 b liegen.

Quantenmechanisch ist ein solcher Zustand nicht erlaubt, denn er verletzt die Heisenbergsche Unschärferelation, die wir in Abschnitt 3.6 kennen gelernt hatten. Diese verbietet nämlich, dass Ort und Impuls des Oszillators gleichzeitig genau bekannt sind. Wäre das System räumlich ideal lokalisiert, so müsste sein Impuls vollkommen unbekannt sein. Seine Bewegungsenergie wäre damit unendlich, sicher kein Zustand niedrigster Energie. Umgekehrt würde ein genau bestimmter Impuls einen vollkommen unbekannten Ort zur Folge haben. In diesem Falle wäre die potentielle Energie unendlich. Im Grundzustand liegt daher ein Kompromiss vor, bei dem sowohl Ort als auch Impuls unscharf sind, und zwar in einem Maße, dass die Heisenbergsche Unschärferelation gerade erfüllt ist.

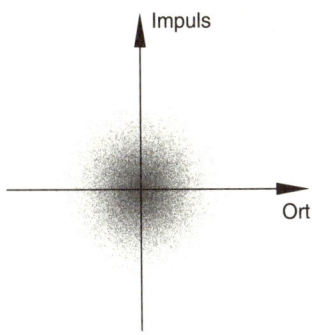

Abb. 14: Im Grundzustand des harmonischen Oszillators sind Ort und Impuls gemäß der Heisenbergschen Unschärferelation nicht genau festgelegt.

In Abbildung 14 ist der Grundzustand des harmonischen Oszillators in Form einer Wahrscheinlichkeitsverteilung als Funktion von Ort und Impuls zu sehen. Je dichter die Punkte liegen, desto wahrscheinlicher ist die entsprechende Kombination aus Ort und Impuls. Bei einem klassischen Oszillator wäre der Zustand niedrigster Energie durch einen einzigen Punkt in der Mitte symbolisiert, der andeutet, dass sich das System mit verschwindendem Impuls im Potentialminimum befindet.

In der Quantentheorie ist dieser Zustand immerhin noch der wahrscheinlichste. Dennoch ist deutlich zu sehen, dass auch andere Orte und Impulse vorkommen können. Ort und Impuls sind also im Einklang mit der Unschärferelation nicht genau festgelegt. Andererseits vermeidet der harmonische Oszillator im Grundzustand allzu große Auslenkungen und Impulse.

Die Fluktuationen von Ort und Impuls, die sich hieraus ergeben, werden aufgrund ihres physikalischen Ursprungs als Quantenfluktuationen bezeichnet. Es sei an dieser Stelle betont, dass es sich hier nicht um Messfehler bei der Bestimmung von Ort und Impuls handelt, die sich durch geeignete Maßnahmen verringern ließen. Es handelt sich vielmehr um eine grundlegende Eigenschaft des Systems, um die man nicht herumkommt.

Als Folge der Quantenfluktuationen ist die Energie des Grundzustands in der Quantentheorie gegenüber der klassischen Physik erhöht. Man spricht daher auch von der Nullpunktsenergie des harmonischen Oszillators und es zeigt sich, dass diese proportional zur Oszillatorfrequenz ist. Die Existenz der Nullpunktsenergie hat interessante Auswirkungen, die sich experimentell beobachten lassen und die wir in Kürze näher kennen lernen werden.

Zunächst wollen wir jedoch noch kurz ein Beispiel betrachten, in dem ebenfalls Quantenfluktuationen eine Rolle spielen. Dazu stellen wir uns einen Kristall vor, in dem die Atome regelmäßig in einem Gitter angeordnet sind. Normalerweise sorgt die Temperatur des Kristalls dafür, dass die Atome eine Zitterbewegung um ihre Ruhelage ausführen. Man spricht daher von thermischen Fluktuationen.

Wird nun die Temperatur bis zum absoluten Nullpunkt abgesenkt, so sollten diese Fluktuationen verschwinden und die Atome in Ruhe an ihrer Position verharren. Dies ist jedoch nicht der Fall und es sind gerade die Quantenfluktuationen, die es verhindern. Im Fall des Edelgases Helium sorgen die Quantenfluktuationen sogar dafür, dass selbst beim Abkühlen bis zum absoluten Temperaturnullpunkt bei Normaldruck kein Festkörper entstehen kann, sondern eine Flüssigkeit vorliegt.

5.2 Jetzt wird Licht gequetscht

Gelegentlich macht sich Rauschen beim Empfang von Radiosignalen störend bemerkbar. Meistens ist das Signal jedoch viel stärker als das Rauschen, sodass uns letzteres kaum mehr auffällt. Dennoch gibt es immer einen gewissen Rauschuntergrund. Rauschen ist nicht auf Radiosignale beschränkt, sondern tritt bei jeder Art von Signalen auf. Dafür kann es verschiedene Ursachen geben und man wird sich bemühen, das Rauschen soweit wie möglich zu unterdrücken. Die Quantenfluktuationen, von denen im letzten Abschnitt die Rede war, stellen allerdings eine unvermeidbare Rauschquelle dar.

Meistens ist der Beitrag der Quantenfluktuationen viel zu klein, um eine wesentliche Rolle zu spielen. Will man jedoch sehr schwache Signale messen, so wird man alle Rauschquellen möglichst gut beseitigen. Die Quantenfluktuationen liefern dann unter Umständen den größten Beitrag zum Rauschen und bestimmen damit die Qualität der Messung. Es ist daher lohnend, darüber nachzudenken, wie man Quantenfluktuationen besser in den Griff bekommen kann.

Bei dem in Abbildung 14 dargestellten Grundzustand des harmonischen Oszillators waren die Fluktuationen insgesamt schon an der unteren Grenze dessen, was die Heisenbergsche Unschärferelation erlaubt. Daher ist jetzt höchstens noch eine Umverteilung zwischen Orts- und Impulsfluktuationen erlaubt. Solange bei einer Messung nur eine der beiden Fluktuationen von Bedeutung ist, wäre damit aber schon eine Menge gewonnen.

Bei den so genannten gequetschten Zuständen sind die Quantenfluktuationen insgesamt minimal, aber in der Tat ungleich auf Ort und Impuls verteilt. Der Grund für die Bezeichnung wird klar, wenn man die Darstellung des Grundzustands aus Abbildung 14 mit der entsprechenden Darstellung eines gequetschten Zustands in Abbildung 15 vergleicht. In diesem Beispiel sind die Impulsfluktuationen verringert und die Ortsfluktuationen entsprechend vergrößert, sodass die Heisenbergsche Unschärferelation gerade erfüllt ist.

Bevor wir uns gequetschte Zustände etwas genauer ansehen, lohnt es sich, auf eine Bemerkung zurückzukommen, die wir bei der Einführung des harmonischen Oszillators gemacht haben. Die quantentheoretische Beschreibung von Licht oder allgemein elektromagnetischen Wellen basiert genau auf harmonischen Oszillatoren, wie wir sie auf den letzten Seiten diskutiert haben. Wir wollen diesen Zusammenhang nicht beweisen. Immerhin entspricht aber die zeitliche Entwicklung des elektrischen oder magnetischen Feldes einer elektromagnetischen Welle, wie sie in Abbildung 16a gezeigt ist, der Schwingung eines harmonischen Oszillators.

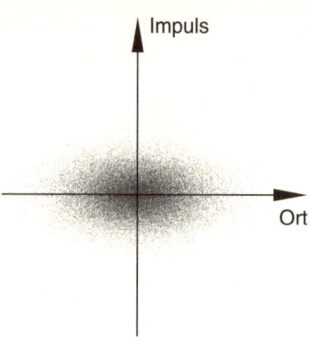

Abb. 15: Bei einem gequetschten Zustand sind die Quantenfluktuationen ungleich verteilt.

Wenn sich Licht durch harmonische Oszillatoren beschreiben lässt, dann müssen die bisherigen Überlegungen dieses Kapitels auch auf Licht anwendbar sein. Die Quantenfluktuationen des Oszillatorortes entsprechen dabei Fluktuationen des elektrischen Feldes. Diese Schwankungen sind in Abbildung 16 b zu sehen. Dabei ist eine Feldamplitude umso wahrscheinlicher, je dichter die Punkte liegen. Der zeitliche Verlauf des dunkelsten und damit wahrscheinlichsten Teils entspricht dem der Abbildung 16 a, also dem Fall ohne Quantenfluktuationen. Die Abbildung 16 b zeigt aber auch, dass die Quantentheorie Abweichungen vom Verhalten einer klassischen Lichtwelle zulässt.

Da die Abbildung 16 eine Schwingung des elektromagnetischen Feldes darstellt, liegt hier nicht der Grundzustand vor. Allerdings hat das in Abbildung 16 b gezeigte Verhalten mit dem Grundzustand des harmonischen Oszillators gemeinsam, dass die Fluktuationen gleich verteilt sind. Wenn wir die Fluktuationen jetzt umverteilen, dann müssen wir uns für eine Richtung entscheiden, in der wir quetschen wollen. Dabei gibt es zwei spezielle Fälle, nämlich das Amplituden- und das Phasenquetschen, die in Abbildung 16 c bzw. d gezeigt sind.

Die Amplitude misst man an den Umkehrpunkten der Schwingung. Dort sind im amplitudengequetschten Fall, also

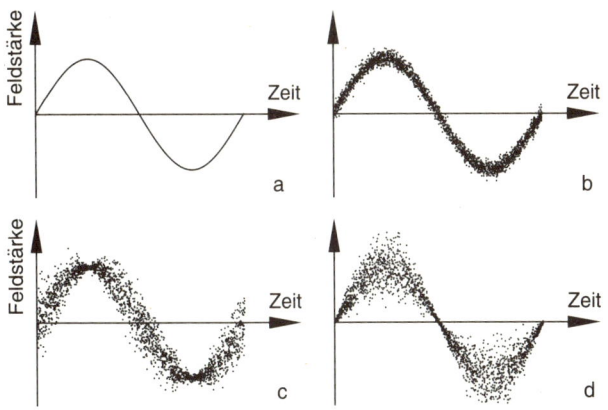

Abb. 16: Zeitliches Verhalten der Feldstärke für ein a) klassisches Feld, b) mit Quantenfluktuationen, c) amplitudengequetscht, d) phasengequetscht

in Abbildung 16 c, die Fluktuationen der Amplitude tatsächlich am kleinsten. Um andererseits die Phase einer Schwingung genau zu bestimmen, müssen die Nulldurchgänge möglichst scharf sein, wie es in Abbildung 16 d zu sehen ist.

Gequetschtes Licht kann man heutzutage im Labor mit einer ganzen Reihe von Verfahren, zum Beispiel mit Hilfe von so genannten nichtlinearen Kristallen, herstellen. Allerdings zeigt sich, dass dieses speziell präparierte Licht nicht sehr stabil ist, sondern die Tendenz hat, die Quantenfluktuationen im Laufe der Zeit wieder gleichmäßig zu verteilen.

Es gibt aber noch mehr über Quantenfluktuationen von elektromagnetischen Wellen zu berichten. Selbst wenn im Mittel kein Feld vorhanden ist, haben die Fluktuationen interessante Auswirkungen, die wir uns jetzt ansehen wollen.

5.3 Warum sich Spiegel anziehen können

Wenn die Amplitude der Schwingung in Abbildung 16 a verschwindet und damit kein elektromagnetisches Feld mehr vorhanden ist, ist die Energie des Feldes im Rahmen der klas-

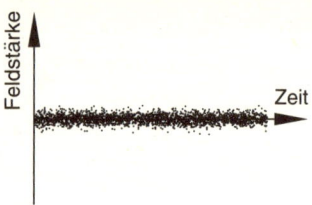

Abb. 17: Auch im Grundzustand gibt es noch ein fluktuierendes elektromagnetisches Feld, das nur im Mittel verschwindet.

sischen Physik gleich Null. Dieses Bild muss allerdings durch Quantenfluktuationen ergänzt werden. Wie wir vom harmonischen Oszillator her wissen, treten diese auch im Zustand niedrigster Energie, dem Grundzustand, auf. Sie führen zu einer Grundzustandsenergie, die größer als Null und damit größer als in der klassischen Physik ist.

Statt der Abbildung 16 b erhalten wir nun die Abbildung 17, die die Quantenfluktuationen im Grundzustand zeigt. Führt man eine Messung durch, so wird man gelegentlich finden, dass ein elektromagnetisches Feld vorhanden ist. Allerdings kann dieses mit gleicher Wahrscheinlichkeit einen positiven oder negativen Wert haben, sodass das Feld im Mittel tatsächlich verschwindet. Dies entspricht der in Abbildung 14 gezeigten Situation im Grundzustand des harmonischen Oszillators. Dieser befindet sich zwar im Mittel in seiner Ruhelage. Bei einer Messung lässt sich aber durchaus eine Abweichung von dieser Position in positive oder negative Richtung feststellen.

Der Grundzustand des elektromagnetischen Feldes, der uns in diesem Abschnitt beschäftigen soll, wird oft auch Vakuumzustand genannt. Diese Bezeichnung erklärt sich im Teilchenbild. Da die Erzeugung eines Photons Energie kostet, gibt es im Grundzustand keine Photonen. Allerdings ist das Vakuum, wie wir gerade gesehen haben, nicht ganz leer, denn es gibt die Fluktuationen des Feldes. Wir wollen nun der Frage nachgehen, wie man die Existenz von Quantenfluktuationen und der Grundzustandsenergie überprüfen kann.

Dazu ist es günstig, den Vakuumzustand des elektromagnetischen Feldes zwischen zwei parallelen Spiegeln zu betrachten. Diese Spiegel bilden einen Resonator, da nur Schwingungen ganz bestimmter Wellenlängen darin angeregt werden können. Wie bei einer Klaviersaite, die an beiden Enden eingespannt ist, sind nur Schwingungen möglich, bei denen eine halbe Wellenlänge oder Vielfache davon zwischen die Spiegel passen. Die auf diese Weise bestimmten Wellenlängen legen auch die möglichen Frequenzen, die ja umgekehrt proportional zur Wellenlänge sind, fest.

In Abbildung 18 sind die Schwingungen mit den größten Wellenlängen in zwei Resonatoren mit unterschiedlichem Spiegelabstand gezeigt. Dabei ist nach oben die Grundzustandsenergie der Schwingungen aufgetragen. Wie beim harmonischen Oszillator ist diese Energie proportional zur Frequenz und nimmt daher mit kleiner werdender Wellenlänge zu.

Wenn man die beiden Spiegel voneinander entfernt, so erhöht sich die Anzahl der erlaubten Schwingungsmoden. Ist der Abstand der Spiegel sehr groß, so gibt es praktisch keine Einschränkung für die Schwingungen mehr. Resonatoren erlauben es uns also zu beeinflussen, welche Schwingungen des elektromagnetischen Feldes möglich sind. Damit lässt sich die Grundzustandsenergie des Feldes im Resonator verändern und das wollen wir ausnutzen.

In Abbildung 18 sind nur die möglichen Schwingungen mit den niedrigsten Energien gezeigt. Das Bild lässt sich nach oben aber im Prinzip beliebig weit fortsetzen und damit würde die Grundzustandsenergie unendlich groß werden. Dies liegt allerdings nur daran, dass wir ideale Spiegel angenommen haben. In Wirklichkeit wird jeder Spiegel bei sehr hohen Frequenzen durchlässig. Die möglichen Schwingungen werden dann nicht mehr durch die Spiegel bestimmt und sind somit unabhängig vom Spiegelabstand. Da es uns allein darauf ankommt, wie sich die Grundzustandsenergie mit dem Abstand der Spiegel ändert, genügt es also, nur die Frequenzen zu betrachten, bei denen die Spiegel gut reflektieren.

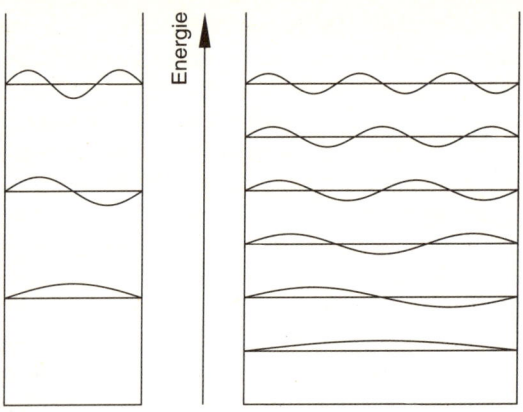

Abb. 18: Zwischen zwei Spiegeln sind nur elektromagnetische Wellen mit bestimmten Wellenlängen möglich. Die Nullpunktsenergie ist wegen der höheren Dichte der Schwingungsmoden im rechten Resonator größer als im linken Resonator.

Damit ist die Grundzustandsenergie zwar sehr groß, aber doch endlich.

Der Resonator wird die Tendenz haben, die Energie des eingeschlossenen elektromagnetischen Feldes zu verkleinern. Dazu muss die Zahl der erlaubten Schwingungen möglichst verringert werden. Nach dem, was wir uns überlegt haben, oder nach einem erneuten Blick auf Abbildung 18, muss dazu der Abstand der Spiegel verringert werden. Die beiden Spiegel werden sich demnach gegenseitig anziehen. Dieser Effekt wurde von Hendrik Brugt Gerhard Casimir im Jahre 1948 vorhergesagt und ist nach diesem holländischen Physiker benannt.

Die Casimir-Kraft ist zwar sehr schwach, lässt sich aber dennoch experimentell beobachten. Damit ist ein Beweis für die Existenz der Grundzustandsenergie erbracht. Mehr noch: Damit sind auch die Quantenfluktuationen des elektromagnetischen Feldes nachgewiesen. Man kann sie als Ursache des Casimir-Effekts ansehen, denn ein elektrisches Feld im Resonator hat eine Trennung von Ladungen auf den insgesamt

elektrisch neutralen Spiegeln zur Folge. Diese Ladungen führen dann wiederum zu einer anziehenden Kraft zwischen den
Spiegeln.

Das Vakuum ist also doch nicht ganz so leer, wie man vielleicht denken mag. Die Quantentheorie, letztendlich vor allem
die Heisenbergsche Unschärferelation, bevölkert das Vakuum
mit Quantenfluktuationen.

6. Die Suche nach den versteckten Variablen

Im Mai 1935 erschien in der Fachzeitschrift *The Physical Review* ein Aufsatz, von der selbst die *New York Times* am 4. Mai berichtete. Der kaum siebenjährige John Stewart Bell nahm davon natürlich noch nicht Notiz und er konnte nicht ahnen, wie wichtig dieser Aufsatz für ihn werden sollte. Aber bereits mit elf Jahren wusste er immerhin: Er wollte Wissenschaftler werden.

Tatsächlich studierte er ab 1945 Physik an der Queen's University in Belfast, wo er zuvor ein Jahr als Techniker gearbeitet hatte. Dreißig Jahre lang beschäftigte er sich am Forschungszentrum CERN in Genf mit Teilchenbeschleunigern und der Theorie von Elementarteilchen. Gewissermaßen als physikalisches Hobby dachte er nebenbei noch über fundamentale Fragen der Quantentheorie nach. Inzwischen kannte John Bell den Aufsatz vom Mai 1935 schon geraume Zeit, aber erst 1963 gab ihm ein Forschungsaufenthalt im kalifornischen Stanford die Gelegenheit, um seiner Leidenschaft so richtig nachzugehen. Dabei gelang ihm der ganz große Wurf.

Um das Problem zu illustrieren, mit dem sich John Bell beschäftigte, musste gelegentlich Reinhold Bertlmann, Professor an der Universität Wien und Bells Kollege und Freund, herhalten. Laut Bell trug Bertlmann gern verschiedenfarbige Socken. Die Farbe der linken und rechten Socke ließen sich jedoch nicht vorhersagen. Wenn man nun Bertlmann mit dem linken Fuß voraus um die Ecke biegen sah und sich die zugehörige Socke als rosa erwies, so war sofort klar, dass die rechte Socke nicht rosa sein konnte. Dazu musste man den rechten Fuß nicht einmal sehen. Dies ist eigentlich nicht sonderlich erstaunlich und doch ...

6.1 Ein Photon passt sich an

Der Witz an Bells Geschichte erschließt sich erst, wenn wir das Ganze aus dem Blickwinkel der Quantentheorie betrach-

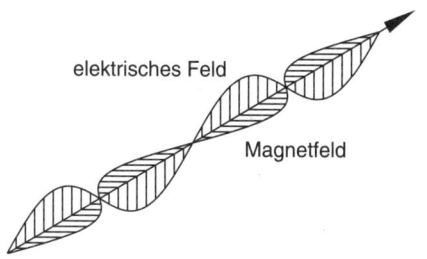

elektrisches Feld

Magnetfeld

Abb. 19: Das elektrische Feld und das Magnetfeld schwingen in Richtungen senkrecht zur Ausbreitungsrichtung des Lichtfeldes.

ten. Dazu benötigen wir zunächst so etwas wie eine Quantenversion von Bertlmanns Socken. Hierfür gibt es verschiedene Möglichkeiten. Die Rolle der Quantensocken sollen im Folgenden Photonen, also Lichtquanten, übernehmen, weil sie bei der experimentellen Realisierung bisher am häufigsten verwendet wurden. Genauso gut könnten wir die Photonen aber durch Elektronen oder andere geeignete Teilchen ersetzen.

Statt der Farbe der Socken, rosa oder nicht, verwenden wir eine Eigenschaft von Licht, die Etienne Louis Malus im Jahr 1808 entdeckte. Das war die Zeit in der Thomas Young seinen Doppelspaltversuch ersann, mit dem wir uns in Kapitel 3 ausführlich beschäftigt hatten. Bei seinen Experimenten mit Kalkspatkristallen fand Malus, dass man einen Lichtstrahl nicht nur durch seine Ausbreitungsrichtung charakterisieren kann, sondern dass er auch eine so genannte Polarisation besitzt. Diese gibt die Ebene an, in der das elektrische Feld schwingt.

Zur Illustration sehen wir uns die Abbildung 19 an. Ein Lichtstrahl bewegt sich in Pfeilrichtung von vorne links nach hinten rechts. Die Schwingungsrichtung von elektrischem Feld und Magnetfeld stehen immer senkrecht auf der Ausbreitungsrichtung und auch senkrecht zueinander. In der Abbildung schwingt das elektrische Feld in senkrechter Richtung, während das Magnetfeld in der Waagerechten schwingt. Dies muss jedoch nicht so sein, da man das Bild um die Ausbreitungsrichtung drehen darf. In welcher Richtung das elektri-

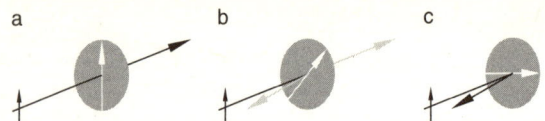

Abb. 20: Die Ausrichtung des durch eine graue Scheibe dargestellten Polarisationsfilters bestimmt, wieviel polarisiertes Licht durch das Filter fällt. a) Das Filter ist parallel zur Polarisation des Lichtstrahles ausgerichtet. Der Lichtstrahl passiert das Filter vollständig. b) Das Filter ist gegenüber der Polarisationsrichtung verdreht. Der Lichtstrahl wird teilweise reflektiert. c) Das Filter ist senkrecht zur Polarisationsrichtung ausgerichtet. Der Lichtstrahl wird vollständig reflektiert.

sche Feld und das dazu senkrechte Magnetfeld schwingen, wird gerade durch die Polarisation festgelegt.

Später in diesem Kapitel wird es notwendig werden, die Polarisationsrichtung von Licht festzustellen. Dazu kann man beispielsweise Polarisationsfilter verwenden. Solche Filter kommen auch in der Fotografie zum Einsatz, um sattere Farben zu erzeugen. Man nutzt dabei aus, dass von Oberflächen reflektiertes Licht je nach den Winkelverhältnissen mehr oder weniger polarisiert ist.

Die Wirkungsweise eines Polarisationsfilters ist in Abbildung 20 veranschaulicht. Das durch eine graue Scheibe dargestellte Filter besitzt eine Vorzugsrichtung, die hier durch den weißen Pfeil symbolisiert ist. Die Ausrichtung des Filters relativ zur Polarisation des Lichtstrahls bestimmt nun, wieviel Licht das Filter passieren kann.

Ist das Filter wie im linken Bild entsprechend der Polarisation des einfallenden Lichts ausgerichtet, so wird das Licht vollständig durchgelassen. Verdreht man das Filter nun, so verringert sich die Intensität des Lichts hinter dem Filter. Das restliche Licht wird, wie im mittleren Bild gezeigt, reflektiert. Im rechten Bild ist das Filter um neunzig Grad gegenüber der Polarisationsrichtung verdreht. Dann wird alles Licht reflektiert, hinter dem Filter bleibt es dunkel.

Durch Drehen des Filters und Beobachtung der Lichtintensität hinter dem Filter kann man also die Polarisationsrichtung des einfallenden Lichts bestimmen. Dabei bleibt das Licht allerdings nicht unbeeinflusst. Nachdem das Licht das Filter passiert hat, liegt seine Polarisationsrichtung parallel zur Vorzugsrichtung des Filters. Das reflektierte Licht ist senkrecht dazu polarisiert.

Bis jetzt war immer von einem Lichtstrahl oder, in der Teilchensprache, von sehr vielen Photonen die Rede. John Bells Geschichte handelt allerdings nur von zwei Socken, nicht von sehr vielen. Statt eines Lichtstrahls werden wir es daher später nur mit zwei Photonen zu tun haben. Wir müssen uns also Gedanken darüber machen, wie die Polarisationsmessung bei einzelnen Photonen vor sich geht. Das Konzept der Polarisation, wie sie in Abbildung 19 dargestellt ist, lässt sich tatsächlich auf einzelne Photonen übertragen. Es ist also sinnvoll, die Polarisation eines Photons messen zu wollen.

Im Vergleich zur Bestimmung der Polarisationsrichtung eines Lichtstrahls gibt es allerdings einen wesentlichen Unterschied. Ein Photon ist unteilbar und kann daher nur entweder das Filter passieren oder reflektiert werden. Es kann nicht sein, dass ein halbes Photon durchgelassen wird. Dagegen ist es bei mehreren Photonen sehr wohl möglich, dass die Hälfte der Photonen passieren kann und damit die Lichtintensität hinter dem Filter entsprechend verringert ist.

Wenn wir nur ein einziges Photon haben, ergibt sich damit ein schwerwiegendes Problem: Die Polarisation des Photons lässt sich überhaupt nicht bestimmen! Passiert das Photon, so könnte das Filter gerade entlang der Polarisation des Photons ausgerichtet gewesen sein. Vielleicht war dies aber nicht der Fall und das Photon hat seine verringerte Chance genutzt, um das Filter zu passieren. Entsprechendes gilt, wenn das Photon reflektiert wurde. Das Filter stand möglicherweise senkrecht zur Polarisationsrichtung, aber sicher ist das keineswegs.

Kann man die Kenntnis der Polarisation verbessern, indem man noch eine weitere Messung in einer anderen Richtung vornimmt? Dies ist leider nicht der Fall. Sofern das Photon nicht schon entsprechend der Einstellung des Filters polarisiert war, wird seine Polarisation geändert. Hinter dem Filter ist das Photon immer so polarisiert, wie es die Ausrichtung des Filters vorgibt. Der Zustand des Photons wurde demnach durch die Messung verändert. Dies ist übrigens eine typische Eigenschaft von Quantenmessungen. Nur in Ausnahmefällen lässt eine Messung den Zustand unverändert.

Die Veränderung der Polarisation bei der Messung stellt sicher, dass eine erneute Messung das gleiche Ergebnis liefert. Wir können uns zum Beispiel vorstellen, dass das in Abbildung 20 von links kommende, senkrecht polarisierte Photon bereits ein Polarisationsfilter durchlaufen hat. Aus der Polarisation des Photons folgt, dass dieses erste Filter senkrecht ausgerichtet gewesen sein muss. Nachdem das Photon passieren konnte, lautet das erste Messergebnis auf senkrechte Polarisation.

Das Filter in Abbildung 20 führt nun eine zweite Messung an unserem Photon durch. Fragt man wie im linken Bild nach senkrechter Polarisation, so erhält man in Übereinstimmung mit der ersten Messung immer eine positive Antwort. Die Messung der waagerechten Polarisation wird gemäß dem rechten Bild immer mit einer Reflexion des Photons enden. In diesen beiden Fällen ist also der Ausgang der zweiten Messung vorhersehbar.

Verdreht man dagegen das zweite Filter gegenüber dem ersten nur um 45 Grad, so ist der Ausgang der zweiten Messung vollkommen offen. Das Photon kann mit gleicher Wahrscheinlichkeit das Filter passieren oder reflektiert werden. Die Messungen mit zwei um 45 Grad gegeneinander verdrehten Filtern sind also vollkommen inkompatibel. Dies erinnert sehr an die Unmöglichkeit, den Ort und den Impuls eines Teilchens gleichzeitig genau zu bestimmen, und tatsächlich besteht hier eine Parallele.

6.2 Verschränkte Teilchen

Ausgehend vom Wellenbild hatten wir uns im Abschnitt 4.6 überlegt, dass Teilchen in der Quantentheorie in einer Überlagerung von zwei oder mehr Zuständen vorkommen können.

Diese Eigenschaft wird zum Beispiel im Ramsey-Interferometer einer Atomuhr ausgenutzt. Geht man von einem zu zwei Teilchen über, so kann man eine neue Art von Zuständen konstruieren, bei der die Zustände der beiden Teilchen in einer besonderen Weise überlagert werden. Diese Zustände machen die Geschichte von Bertlmanns Socken interessant, wenn man das Paar Socken durch zwei Photonen ersetzt.

Um die Besonderheit dieser Zustände zu verstehen, betrachten wir zunächst zwei klassische Teilchen oder auch größere Objekte. Ihre Zustände kann man immer unabhängig voneinander angeben. Dies ist sogar möglich, wenn die beiden Teilchen miteinander wechselwirken. So wird zum Beispiel die Bewegung der Erde um die Sonne durch die Gravitationskraft beeinflusst, die zwischen den beiden Körpern wirkt. Dennoch kann man die Zustände von Sonne und Erde zu jedem Zeitpunkt unabhängig voneinander durch die jeweilige Position, Geschwindigkeit und eventuell weitere Größen charakterisieren.

Dies ist in der Quantentheorie nicht immer der Fall. Dort gibt es Situationen, in denen die Zustände der beiden Teilchen auf eine Weise miteinander verquickt sind, dass es nicht mehr möglich ist, jedes Teilchen für sich vollständig zu beschreiben. Dabei muss nicht einmal eine Wechselwirkung zwischen den Teilchen bestehen. Um den besonderen Charakter dieser Zustände zu beschreiben, nannte sie Erwin Schrödinger verschränkte Zustände.

Die Natur dieser Zustände wird an einem Beispiel klarer. Wir betrachten dazu einen speziellen verschränkten Zustand zweier Photonen, der auch später noch von Bedeutung sein wird. Wie schon angedeutet, haben wir es mit einer Überlagerung von zwei Zuständen zu tun, aber diesmal beschreibt jeder Zustand nicht nur ein Photon, sondern gleich zwei Photonen mit ihren Polarisationen. Im ersten Zustand soll das eine Photon in waagerechter Richtung polarisiert sein, während das andere Photon in senkrechter Richtung polarisiert ist. Im zweiten Zustand sind die Polarisationen der beiden Photonen gerade miteinander vertauscht. In beiden Zuständen kann demnach jedes Photon für sich allein durch seine Polarisation beschrieben werden. Wie sieht das aber aus, wenn wir die beiden Zustände nun überlagern?

Wir wollen versuchen, so viel wie möglich über eines der beiden Photonen herauszubekommen, wobei wir das andere Photon vollkommen ignorieren. Zu diesem Zweck führen wir an dem uns interessierenden Photon Messungen mit Hilfe eines Polarisationsfilters durch. Allerdings wissen wir schon, dass sich die Polarisation eines einzelnen Photons gar nicht bestimmen lässt. Wir benötigen dazu viele Photonen und wollen daher annehmen, dass wir viele identische Kopien des verschränkten Photonenpaars zur Verfügung haben. Von jedem dieser Paare soll aber immer nur ein bestimmtes Photon untersucht werden. Das andere Photon wollen wir außer Acht lassen.

Stellen wir das Polarisationsfilter wie in Abbildung 20 a so ein, dass senkrecht polarisierte Photonen passieren können, so wird bei unserem verschränkten Zustand die Hälfte der Photonen durchgelassen, die andere Hälfte wird reflektiert. Dies liegt daran, dass in der Überlagerung das uns interessierende Photon mit gleicher Wahrscheinlichkeit entweder senkrecht oder waagerecht polarisiert ist. Daher erhält man das gleiche Ergebnis auch, wenn das Polarisationsfilter um neunzig Grad verdreht und damit in die waagerechte Stellung gebracht wird.

Es zeigt sich sogar, dass ganz unabhängig von der Stellung des Filters das Photon in der Hälfte der Fälle reflektiert wird. Mit anderen Worten: Die Polarisation eines Photons aus dem verschränkten Paar ist für sich genommen vollkommen unbestimmt, obwohl wir eine ausreichende Anzahl von Photonen zur Verfügung haben, um die Polarisation zu messen.

Das bedeutet jedoch nicht, dass der Gesamtzustand unserer beiden Photonen völlig unbestimmt ist. Die beiden Photonen befinden sich ja in einem verschränkten Zustand und dieser erlaubt uns Aussagen über das Photonenpaar insgesamt. In den beiden Zuständen, die wir zur Konstruktion des verschränkten Zustands überlagert hatten, standen die Polarisationen der beiden Photonen senkrecht zueinander. Während also die Polarisation jedes einzelnen Photons nicht festgelegt ist, wissen wir etwas über die Polarisation der beiden Photonen relativ zueinander.

Stellen wir uns nun vor, wir hätten den gerade beschriebenen verschränkten Zustand hergestellt und lassen die beiden Photonen in entgegengesetzter Richtung wegfliegen. Nachdem sich die Photonen voneinander entfernt haben, führen wir an einem der beiden Photonen eine Polarisationsmessung durch. Wie wir uns gerade überlegt haben, ist vollkommen offen, wie diese Messung ausgeht. Sicher ist jedoch, dass das Photon nach der Messung in Filterrichtung oder senkrecht dazu polarisiert ist. Da sich die beiden Photonen in einem verschränkten Zustand befinden, steht damit sofort die Polarisation des anderen Photons fest, ohne dass wir an ihm überhaupt eine Messung durchführen müssen.

Damit sind wir wieder bei der Geschichte von Bertlmanns Socken. Wie bei einem Photon des verschränkten Paares ist auch bei der linken Socke das „Messergebnis" vollkommen unbestimmt. Mit gleicher Wahrscheinlichkeit kann die Socke rosa sein oder nicht. Sobald wir ihre Farbe kennen, ist jedoch klar, ob die rechte Socke rosa ist oder nicht, und das, ohne diese Socke gesehen zu haben. Daran ist nichts erstaunlich, solange wir sicher sind, dass die beiden Socken verschiedenfarbig sind. Die beiden Socken haben natürlich schon immer eine Farbe gehabt, nur wussten wir nicht welche. Es genügt, eine Socke zu sehen, um Information über die andere Socke zu erhalten.

Wie verhält es sich aber mit unseren verschränkten Photonen? Wird die Polarisation erst in dem Moment festgelegt, in dem wir ein Photon messen? Oder hatten die beiden Photonen von Anfang an eine bestimmte Polarisation, ohne dass wir sie kannten. Dann gäbe es keinen wesentlichen Unterschied zwischen den verschränkten Photonen und Bertlmanns Socken. Aber ist dies wirklich der Fall?

6.3 Einstein und Co. sagen:
Die Quantentheorie ist unvollständig!

Am 10. Dezember 1932 verlässt Albert Einstein Deutschland, er kehrt nie wieder zurück. Im Oktober 1933 wird Einstein Professor in Princeton, auf halber Strecke zwischen New York und Philadelphia gelegen. Keine zwei Jahre später, im Mai 1935, erscheint ein Aufsatz, den Einstein zusammen mit Boris Podolsky und Nathan Rosen verfasst hatte. Es handelt sich dabei um den Aufsatz, den wir zu Beginn des Kapitels erwähnt hatten. Der Titel „Kann die quantenmechanische Beschreibung der physikalischen Realität als vollständig angesehen werden?" enthält einigen Zündstoff.

Die Autoren behaupten nicht, dass die Quantentheorie falsch sei. Zu viele Experimente sind in bester Übereinstimmung mit den Vorhersagen der Theorie. Dennoch sind sie nicht zufrieden. Wie der Titel des Aufsatzes andeutet, halten sie die Quantentheorie für unvollständig und vermuten, dass es eine bessere Theorie geben müsse. Für ihre Argumentation spielen verschränkte Zustände eine zentrale Rolle. Im Folgenden wollen wir uns eine Variante der Überlegungen von Einstein, Podolsky und Rosen ansehen, die auf David Bohm zurückgeht.

Die Ausgangssituation ist die gleiche wie im vorigen Abschnitt. Zwei Photonen werden in einem verschränkten Zustand präpariert. Die Polarisation eines einzelnen Photons ist vollkommen unbestimmt. Dagegen ist sichergestellt, dass die Polarisationen der beiden Photonen senkrecht zueinander stehen. Nachdem der Zustand hergestellt ist, entfernen sich die Photonen in entgegengesetzter Richtung voneinander. Da die Photonen nicht miteinander wechselwirken, gehen Einstein, Podolsky und Rosen davon aus, dass, was auch immer mit dem einen Photon geschieht, das andere Photon unbeeinflusst lässt.

Jetzt werde am ersten Photon eine Polarisationsmessung mit einem senkrecht ausgerichteten Filter durchgeführt. Das Resultat für das erste Photon lautet entweder senkrechte Polarisation oder waagerechte Polarisation. Für das zweite Photon können wir damit mit Sicherheit die Polarisation vorhersagen: waagerecht beziehungsweise senkrecht. Nachdem jede Wechselwirkung zwischen den Photonen ausgeschlossen sein soll, muss das zweite Photon diese Polarisation schon vor der Messung des ersten Photons gehabt haben.

Wir könnten stattdessen aber auch eine Polarisationsmessung vornehmen, bei der das Filter um 45 Grad verdreht ist. Auch dann können wir die Polarisation des zweiten Photons mit Sicherheit vorhersagen und müssen daher annehmen, dass das Photon diese Eigenschaft schon vor der Messung gehabt hat. Folglich hat das zweite Photon schon vor der Messung eine definierte Polarisation sowohl bezüglich des ursprünglichen Filters als auch des verdrehten Filters gehabt. Dies widerspricht jedoch unseren Überlegungen am Ende von Abschnitt 6.1, nach denen diese beiden Messungen inkompatibel sind.

Die Überlegung von Einstein, Podolsky und Rosen zeigt also, dass im Prinzip mehr Information vorhanden ist, als die Quantentheorie zulässt. Daher schließen die drei, dass die Quantentheorie unvollständig sei. Es wäre zum Beispiel denkbar, dass es versteckte Variablen gibt, die insgeheim die Polarisation des zweiten Photons festlegen, so wie Bertlmanns Socken eine bestimmte Farbe hatten, ohne dass wir sie kannten. Eine andere Möglichkeit wäre allerdings, dass die Messung an einem Photon tatsächlich den Zustand des anderen Photons beeinflusst. In diesem Fall müsste man schließen, dass die Quantentheorie nichtlokalen Charakter hat.

Dies wäre übrigens nicht im Widerspruch zu Einsteins spezieller Relativitätstheorie, die verlangt, dass Information maximal mit Lichtgeschwindigkeit übertragen werden kann. Tatsächlich kann man durch Messung am ersten Photon keine Information zu jemandem übertragen, der Messungen am zweiten Photon durchführt. Da sich das Messergebnis am ersten Photon nicht beeinflussen lässt, eignet sich dieses nicht als Informationsträger. Auch die Einstellung des Polarisationsfilters bei der Messung des ersten Photons ist hierzu ungeeignet. Aus einer Messung am zweiten Photon lässt sich nämlich nicht auf diese Filterstellung schließen.

Die große Frage lautet nun: Gibt es versteckte Variablen? Es wäre wichtig, die Antwort darauf zu kennen, denn gäbe es versteckte Variablen, dann könnte man vielleicht mit ihrer Hilfe die Unbestimmtheit in der Quantentheorie beseitigen oder mindestens besser verstehen. Die Antwort muss letztendlich von einem physikalischen Experiment kommen. Allerdings war lange Zeit überhaupt nicht klar, was man messen muss, um die Frage zu entscheiden.

6.4 Die Quantentheorie verletzt eine Ungleichung

An dieser Stelle greift John Bell in das Geschehen ein. Etwa dreißig Jahre nach der Veröffentlichung der Arbeit von Einstein, Podolsky und Rosen eröffnet er einen Weg zur Entscheidung über die Existenz von versteckten Variablen. Bell kann zeigen, dass man für Theorien mit versteckten Variablen bestimmte Aussagen über Messergebnisse machen kann, die von der Quantentheorie verletzt werden. Findet man eine solche Verletzung, so ist dies das Aus für versteckte Variablen.

Wir wollen versuchen, die Idee von Bell nachzuvollziehen. Dazu betrachten wir wieder zwei Photonen, die, wie in Abbildung 21 gezeigt, von einer Quelle in entgegengesetzter Richtung wegfliegen. In einiger Entfernung haben wir Polarisationsfilter aufgestellt, um an den Photonen Messungen durchführen zu können. Dabei kann jedes Filter in zwei verschiedene Stellungen gebracht werden. Für das erste Photon bezeichnen wir diese mit A und A', für das zweite Photon heißen sie entsprechend B und B'. Insgesamt gibt es also vier verschiedene Messungen, die man an dem Photonenpaar vornehmen kann.

Wie kommt nun im Rahmen einer Theorie mit versteckten Variablen das Messergebnis zustande? Jedes Photonenpaar wird durch eine oder eventuell auch mehrere versteckte Variable charakterisiert. Für das erste Photon bestimmt diese versteckte Variable zusammen mit der Einstellung des zugehörigen Polarisationsfilters das Resultat der Messung. Entsprechendes gilt auch für das zweite Photon. Entscheidend dabei

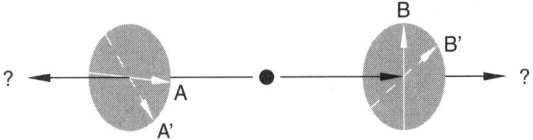

Abb. 21: Aufbau eines Experiments zur Überprüfung der Bellschen Ungleichung: Zwei Photonen in einem verschränkten Zustand fliegen in entgegengesetzte Richtungen und werden mit Hilfe von Polarisationsfiltern untersucht, deren Einstellungen mit A, A', B und B' bezeichnet sind.

ist, dass die Stellung des jeweils anderen Polarisationsfilters unerheblich ist, denn die Messung an einem Photon soll ja das andere Photon nicht beeinflussen. Das bedeutet allerdings nicht, dass die beiden Messergebnisse unabhängig voneinander sein müssen, da beide Messresultate auch von der versteckten Variablen bestimmt werden, die das gesamte Paar beschreibt.

Für jedes Photon gibt es bei der Messung nur zwei mögliche Ergebnisse: Entweder passiert das Photon das Filter oder es wird reflektiert. Wir wollen diesen beiden Resultaten die Werte 1 beziehungsweise −1 zuordnen. Das Gesamtergebnis einer Messung an beiden Photonen ergibt sich durch Multiplikation der beiden Einzelergebnisse. Dazu müssen wir ein klein bisschen rechnen. Aber keine Angst: Wenn Sie sich an die Regel „minus mal minus gibt plus" und daran erinnern, dass eine Zahl mit eins multipliziert wieder diese Zahl ergibt, werden Sie keine Probleme haben. Als mögliche Gesamtergebnisse kommen wieder nur 1 und −1 vor.

Für die weiteren Überlegungen wollen wir zur Vereinfachung zunächst annehmen, dass wir für jedes Photon Messungen mit beiden Filtereinstellungen machen können. Wir wissen schon, dass dies nicht geht, da eine Messung die Polarisation des Photons verändert, aber das soll uns im Moment nicht stören. Da auf jeder Seite zwei Messungen zu machen sind, erhalten wir insgesamt vier Messergebnisse, die jeweils 1 oder −1 lauten.

Um über die Existenz von versteckten Variablen zu entscheiden, muss man das Experiment in einer geeigneten Weise auswerten. Aufbauend auf Bells Arbeiten gaben John Clauser, Michael Horne, Abner Shimony und Richard Holt, oder nach ihren Initialen kurz CHSH genannt, folgende Vorschrift an: Die Ergebnisse der Messungen AB, A'B und A'B' werden zusammengezählt und davon das Ergebnis der Messung AB' abgezogen.

Abhängig vom Wert der versteckten Variablen ergeben sich für die Einzelmessungen A und A' am ersten Photon und B und B' am zweiten Photon jeweils die Werte 1 oder −1. Es lässt sich nun mathematisch relativ leicht zeigen, dass das Endergebnis nach der Vorschrift von CHSH immer 2 oder −2 sein muss. Um dies zu überprüfen, können Sie sich auch die Mühe machen und alle sechzehn möglichen Kombinationen einzeln ausrechnen.

Vielleicht ist es aber auch hilfreich, das Experiment mit einem Stapel Skatkarten und zwei Mitspielern, die die Rolle der beiden Messapparate übernehmen, nachzuspielen. Notfalls können Sie auch selbst den Part der Mitspieler übernehmen. Zunächst wird ein Photonenpaar erzeugt, das heißt, es wird eine verdeckte Spielkarte von Stapel genommen. Der uns unbekannte Kartenwert entspricht der versteckten Variablen, die das Photonenpaar charakterisiert.

Als Nächstes sollten sich die Photonen in entgegengesetzter Richtung voneinander wegbewegen. Das geht in unserem Fall leider nicht, ohne die Karte zu zerstören, die ja Information über beide Photonen enthalten soll. Solange sich die Mitspieler an die nachfolgenden Spielregeln halten, können wir jedoch auf eine Zerstückelung der Karte verzichten.

Die Karte wird nun zur Messung an die beiden Mitspieler weitergegeben. Dabei soll die Information über das erste Photon im Farbwert stecken, während die Information über das zweite Photon im Zahlenwert enthalten sei. Der erste Mitspieler führt die Messungen A und A' aus und erhält entsprechend der Tabelle 1 zwei Messwerte. Entsprechend macht der zweite Mitspieler die Messungen B und B'. Da nur die beiden Mitspieler die Karte kennen, ergeben sich vier für uns nicht vorhersehbare Einzelergebnisse, aus denen wir die CHSH-Korrelation bestimmen können.

Tabelle 1: Simulation der Messungen zur Bellschen Ungleichung
mit Hilfe von Skatkarten.

	1	−1
A	Kreuz, Pik	Herz, Karo
A'	Kreuz, Karo	Pik, Herz
B	7, 8, 9, 10	Bube, Dame, König, As
B'	7, 9, Bube, König	8, 10, Dame, As

Für den Pik-Buben ergeben sich beispielsweise folgende Ergebnisse der einzelnen Messungen. Für das erste Photon findet man in den beiden Messungen A und A' die Ergebnisse 1 und −1. Für das zweite Photon erhält man entsprechend für die Messungen B und B' die Resultate −1 und 1. Für die Gesamtmessungen AB, AB', A'B und A'B' findet man somit durch Multiplikation −1, 1, 1 und −1. Nach der CHSH-Vorschrift ergibt sich insgesamt −2. Die Herz-Dame hätte dagegen 2 ergeben. Keine der Karten darf ein anderes Ergebnis als 2 oder −2 liefern. Wenn Sie das Experiment für alle Karten eines Skatspiels durchführen, haben Sie alle möglichen Kombinationen überprüft, und das sogar doppelt!

Bis jetzt haben wir angenommen, dass an jedem Photonenpaar alle vier möglichen Messungen vorgenommen werden können. Dies ist jedoch nicht der Fall, da der Zustand der Photonen durch die Messung verändert wird. Je Paar kann also nur eine der vier Messungen durchgeführt werden.

Betrachten wir die Situation zunächst in unserer Kartenanalogie. Bevor die Mitspieler die verdeckte Karte zur Messung erhalten, sollen sich beide zufällig, aber unabhängig voneinander, für eine der beiden möglichen Messungen entscheiden. Dann wird das Spiel möglichst lange gespielt, entweder mit mehreren Kartenspielen oder indem ein verbrauchter Stapel gemischt und wieder verwendet wird.

Die Messergebnisse müssen jetzt nach den vier möglichen Gesamtmessungen getrennt notiert werden. Am Ende lässt sich so für die Messungen AB, AB', A'B und A'B' jeweils ein Mittelwert bilden. Daraus wird dann gemäß der CHSH-Vorschrift das Endresultat berechnet. Hat man lange genug gespielt und wurden die Messungen wirklich zufällig gewählt, so sollte dieses Resultat zwischen –2 und 2 liegen.

Woran liegt das? Die Messergebnisse hängen nur von der Art der durchgeführten Messung und von der jeweiligen Spielkarte ab. Ob wir für eine bestimmte Karte alle vier Messkombinationen auf einmal durchführen oder einzeln über ein Spiel verteilt, ist letztendlich egal. Allerdings müssen wir jetzt über die Messungen mitteln. Da die Einzelwerte nur 2 oder –2 sein können, liegt der Mittelwert auf jeden Fall zwischen diesen beiden Werten. Voraussetzung für diese Überlegungen ist jedoch, dass für alle Karten jede der vier Messungen zumindest näherungsweise gleich oft durchgeführt wurde.

Diese Überlegung lässt sich entsprechend auch auf Photonenpaare, die uns eigentlich interessieren, übertragen. Nimmt man versteckte Variable an, wie wir sie anfangs eingeführt hatten, so liegt das Endergebnis, die CHSH-Korrelation, für das beschriebene Experiment immer zwischen 2 und –2. Damit haben wir die Bellsche Ungleichung in der Form von Clauser, Horne, Shimony und Holt erhalten.

Im Rahmen einer Theorie versteckter Variablen gelten diese Schranken auch für die verschränkten Zustände, die wir in Abschnitt 6.2 eingeführt hatten. Diese Zustände lassen sich zum Beispiel mit Photonen experimentell realisieren. Aber auch in unserer Analogie der Karten gibt es so etwas wie verschränkte Zustände. Dies sind Kreuz-Dame, Kreuz-As, Pik-Bube, Pik-König, Herz-7, Herz-9, Karo-8 und Karo-10. Die im verschränkten Zustand vorhandenen Korrelationen werden deutlich, wenn man die Ergebnisse der Messungen A und B oder der Messungen A' und B' miteinander vergleicht. Dies entspricht gerade den Messungen an den beiden Photonen mit gleicher Ausrichtung der Polarisationsfilter. Die Messergebnisse stimmen nie überein, vorausgesetzt natürlich, dass nicht geschummelt wird. Wir haben das Phänomen von Bertlmanns Socken bei den Skatkarten wieder gefunden.

Entscheidend ist nun, dass die Quantentheorie für die verschränkten Zustände eine Verletzung der Bellschen Unglei-

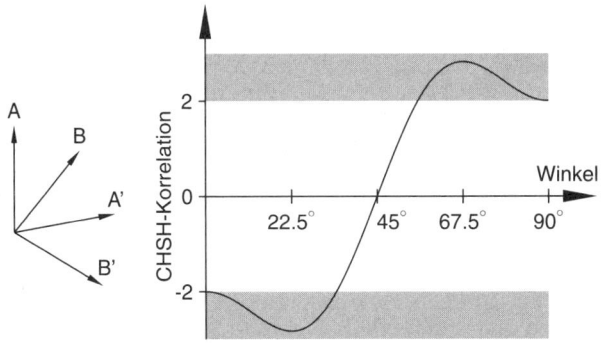

Abb. 22: Im grau dargestellten Bereich wird die Bellsche Ungleichung durch die Quantenmechanik verletzt. Nach rechts ist der Winkel zwischen den Polarisatorstellungen A und B aufgetragen. Die Winkel zwischen A und B, B und A' sowie A' und B' sind gleich groß.

chung vorhersagt. Hier wirkt sich der nichtlokale Charakter der Quantentheorie aus, der dafür sorgt, dass die Messungen an den beiden Photonen eines verschränkten Paares nicht unabhängig voneinander sind. Damit eröffnet sich die Möglichkeit, zwischen der nichtlokalen Quantentheorie und einer lokalen Theorie versteckter Variablen zu unterscheiden.

Die Verletzung der Bellschen Ungleichung durch die Quantentheorie ist in Abbildung 22 gezeigt. Die durchgezogene Kurve stellt die Vorhersage der Quantentheorie als Funktion des Winkels dar, den die verschiedenen Polarisatorstellungen bilden. Dabei sind die Winkel zwischen den Stellungen A und B, B und A' sowie A' und B' hier jeweils gleich groß. Die größte Verletzung der Bellschen Ungleichung, immerhin etwa 35 Prozent, ergibt sich, wenn dieser Winkel 22.5° oder 67.5° beträgt.

In zahlreichen Experimenten wurde tatsächlich eine Überschreitung der durch die Bellsche Ungleichung gesetzten Grenzen und sehr gute Übereinstimmung mit den Vorhersagen der Quantentheorie gefunden. Daraus kann man schließen, dass ein Quantensystem grundsätzlich verschieden von Bertlmanns Socken, Skatkarten oder anderen klassischen Objekten ist. In einem verschränkten Teilchenpaar ist der Zustand nicht durch versteckte Variable bestimmt. Auch der Ausgang von Messungen ist nicht insgeheim durch sie festgelegt.

6.5 Zwei Schlupflöcher

Es gibt allerdings zwei wichtige Schlupflöcher, die zumindest im Prinzip eine Verletzung der Bellschen Ungleichung zulassen, obwohl versteckte Variablen im Spiel sind. Zwar ist nicht zu erwarten, dass sich dadurch noch ein experimenteller Befund gegen die Nichtlokalität der Quantentheorie ergibt. Da es sich hier jedoch um einen sehr fundamentalen Aspekt der Theorie handelt, wollen wir uns diese Schlupflöcher trotzdem etwas genauer ansehen.

Wir hatten die Idee der versteckten Variablen eingeführt, um den nichtlokalen Charakter der Quantentheorie zu umgehen. Konsequenterweise haben wir angenommen, dass die Messungen an den beiden Teilchen des verschränkten Paares lokal erfolgen. Das Messergebnis kann demnach nur von der versteckten Variablen, die den Zustand charakterisiert, und von der Einstellung der jeweiligen Messapparatur abhängen. Die Einstellung der anderen Messapparatur darf dabei keine Rolle spielen.

Auf unser Kartenspiel übertragen bedeutet dies, dass wir die beiden Mitspieler am besten in verschiedene Zimmer setzen und ihnen jede Möglichkeit nehmen, sich in irgendeiner Weise abzusprechen. Natürlich soll auch die gezogene Karte, die wir den Mitspielern zur Messung geben, nicht durch die Art der Messung bestimmt sein.

Sind diese Lokalitätsbedingungen nicht erfüllt, so kann auch eine Theorie mit versteckten Variablen die Bellsche Ungleichung verletzen. In einem Experiment muss also sichergestellt werden, dass zum Zeitpunkt der Erzeugung des verschränkten Photonenpaares die Einstellung der Messapparatur noch nicht feststeht. Außerdem muss vor dem Abschluss der Messungen an den beiden Photonen jegliche Kommunikation zwischen den Messapparaturen prinzipiell unmöglich sein.

Ein in dieser Hinsicht wichtiges Experiment wurde 1982 von Alain Aspect und seinen Mitarbeitern in Orsay bei Paris durchgeführt. Dabei wurde die Einstellung der Messapparaturen noch verändert, während das verschränkte Photonenpaar schon unterwegs zu den Detektoren war. Allerdings war das für das Umschalten verantwortliche Signal nicht völlig zufällig. Auch wenn es recht unwahrscheinlich ist, dass die Natur dies ausnutzt, so lässt es sich doch nicht ganz ausschließen.

Das Problem ließ den Physikern keine Ruhe. Man musste jede unerlaubte Kommunikation ausschließen. Der entscheidende Schritt wurde 1998 von Anton Zeilinger und seiner Gruppe gemacht. Dabei wurde die Einstellung jedes Messapparates zufällig vorgenommen, natürlich nachdem die beiden Photonen die Quelle in entgegengesetzter Richtung verlassen hatten. Allerdings musste auch verhindert werden, dass die Information über die Einstellung des einen Messapparates beim anderen Messapparat eintreffen konnte, bevor dort das Photon gemessen wurde. Hierzu wurden die beiden Messapparate in einer Entfernung von 400 Metern voneinander aufgestellt und ausgenutzt, dass Information zwischen den beiden Apparaten nicht schneller als mit Lichtgeschwindigkeit übertragen werden kann.

Besonders beeindruckend ist, dass die Nichtlokalität der Quantentheorie auf Entfernungen von mehr als zehn Kilometern nachgewiesen wurde. In einem Experiment in Genf erzeugten Nicolas Gisin und seine Mitarbeiter verschränkte Photonenpaare und speisten diese in Glasfaserkabel der Schweizer Telecom ein. Eines der beiden Photonen wurde in Bellevue am Genfer See gemessen, das andere in südwestlicher Richtung in Bernex. Wie in den bereits beschriebenen Experimenten wurde auch hier die Vorhersage der Quantentheorie bestätigt.

Diese Experimente sind nicht nur von grundlegender Bedeutung für das Verständnis der Quantentheorie, wie im April 2004 wiederum die Gruppe von Anton Zeilinger demonstrierte. Nachdem Glasfaserkabel in der Wiener Kanalisation verlegt worden waren, um das Rathaus mit einer Bankfiliale zu verbinden, konnte erstmals eine verschlüsselte Banküberweisung auf der Basis verschränkter Photonenpaare durchgeführt werden. Quantenkryptographie, das heißt die sichere Datenübertragung unter Verwendung der in diesem Kapitel verwendeten, grundlegenden Quantenphänomene oder mit Hilfe verwandter Verfahren, ist damit nicht länger nur eine Zukunftsvision.

Neben dem Lokalitäts-Schlupfloch gibt es allerdings noch ein zweites Schlupfloch, das damit zusammenhängt, dass es im Allgemeinen nicht gelingt, alle Teilchen nachzuweisen. Problematisch wird die Situation, wenn die Nachweiswahrscheinlichkeit von der versteckten Variablen und der ausgewählten Messung abhängt. Das würde bedeuten, dass unsere beiden Mitspieler nach Auswahl der Messung und Ansicht der Karte entscheiden dürfen, ob sie ihr Messergebnis bekannt geben. Es lässt sich zeigen, dass unter diesen Bedingungen eine Theorie mit versteckten Variablen denkbar wäre, die für das beschriebene Experiment genau die gleichen Ergebnisse liefert wie die Quantenmechanik. Dieses Schlupfloch ist besonders gravierend, wenn man mit Photonen arbeitet, wie dies in den meisten Experimenten der Fall war.

Dave Wineland und seinen Mitarbeitern in Boulder am Fuße der Rocky Mountains gelang es, auch dieses Schlupfloch zu stopfen. Um die notwendige, hohe Nachweiswahrscheinlichkeit zu erreichen, wurden in diesem Experiment statt Photonen Beryllium-Ionen, also massive Teilchen, verwendet.

Trotz dieser Erfolge gibt es bis jetzt noch kein Experiment, das beide Schlupflöcher gleichzeitig schließt. Es wäre jedoch eine sehr große Überraschung, wenn sich dadurch noch ein Weg eröffnen würde, der es erlaubt, die Nichtlokalität der Quantentheorie zu umgehen.

7. Störende Beobachtung

Eigentlich sollte Alessandro, im März 1745 in Como geboren, Priester oder Jurist werden, doch das war nicht so recht nach seinem Geschmack. Elektrische Phänomene faszinierten ihn dagegen, und mit seinen Forschungsergebnissen konnte er sogar Napoleon begeistern, als er 1801 die von ihm entwickelte Batterie vorführte. Sein Name ist jedem ein Begriff, ist doch die Einheit der Spannung seit 1881 nach ihm, dem Grafen Alessandro Volta, benannt.

Hundert Jahre nach Voltas Tod versammeln sich Physiker in Como anlässlich einer Konferenz, die zu seinen Ehren veranstaltet wird. Dort geht es im September 1927 aber nicht um Batterien. Die Arbeiten von Heisenberg und Schrödinger haben die Quantentheorie einen entscheidenden Schritt weitergebracht und es gibt jede Menge Diskussionsstoff. Allerdings wird ein Physiker schmerzlich, wie Bohr sagt, vermisst.

Aber schon im darauf folgenden Monat findet der fünfte Solvaykongress in Brüssel statt. Im Rahmen der von Ernest Solvay, der durch die Entdeckung eines Verfahrens zur Sodaherstellung zu Wohlstand gekommen war, ins Leben gerufenen Konferenzreihe hatten sich schon mehrfach prominente Physiker zum Gedankenaustausch getroffen. Bereits 1911 wurde dabei über die Quantentheorie diskutiert.

1927 steht die Tagung unter dem Thema „Elektronen und Photonen". Mit dabei ist auch der in Como abwesende Albert Einstein. Zwischen ihm und Bohr kommt es zu richtungweisenden Diskussionen über die Quantentheorie. Eine der Fragen ist dabei die nach dem Weg ...

7.1 Die Frage nach dem Weg

Einstein wollte sich nicht mit der Heisenbergschen Unschärferelation abfinden und dachte sich eine Reihe von Gedankenexperimenten aus, die ihre Inkonsistenz zeigen sollten. Diese Gedankenexperimente dienten in erster Linie dazu, theoretisch über physikalische Fragen zu diskutieren. Wie schwierig die Realisierung eines solchen Experiments ist, spielt dabei keine Rolle, solange nichts Prinzipielles gegen dessen Durchführung spricht.

Die Diskussionen zwischen Einstein und Bohr spielten sich in erster Linie außerhalb des offiziellen Vortragsprogramms des Kongresses ab. So präsentierte Einstein zum Frühstück ein Gedankenexperiment und Bohr begann zusammen mit einigen Kollegen sofort mit der Analyse. Beim Abendessen konnte Bohr in der Regel nachweisen, dass Einsteins Vorschlag mit der Unschärferelation konsistent war. Am nächsten Morgen setzte Einstein die Diskussion mit einer neuen Idee fort. Wir wollen uns jetzt mit einem von Einsteins Gedankenexperimenten etwas genauer beschäftigen.

Im Abschnitt 3.2 hatten wir gesehen, dass Wellen hinter einem Doppelspalt Interferenzerscheinungen zeigen. Dieses Phänomen tritt, wie in Abschnitt 3.4 beschrieben wurde, auch für Teilchen auf. Wesentlich ist dabei der Wellencharakter der Teilchen, der es erlaubt, dass diese sowohl durch den einen als auch den anderen Spalt fliegen. Es stellt sich nun die Frage, ob man den Weg der Teilchen bestimmen kann, ohne das Interferenzmuster zu zerstören.

Eine Möglichkeit, den Weg zu bestimmen, besteht einfach darin, einen der beiden Spalte zu schließen. Damit wird jedoch das Interferenzmuster zerstört. Stattdessen wird man nur noch Teilchen im Bereich hinter dem offenen Spalt finden. Das Interferenzmuster kann auch nicht dadurch wiederhergestellt werden, dass man abwechselnd den einen und den anderen Spalt öffnet. Man muss also geschickter vorgehen.

In Brüssel schlug Einstein unter anderem ein Experiment vor, dessen Prinzip in Abbildung 23 dargestellt ist. Auf den ersten Blick handelt es sich um ein Experiment zum Nachweis von Interferenz auf dem rechts abgebildeten Schirm, nachdem Teilchen, zum Beispiel Elektronen, durch den Doppelspalt geflogen sind. Der Witz an Einsteins Idee besteht in einer kleinen, aber entscheidenden Modifikation: Der Doppelspalt ist an Federn aufgehängt.

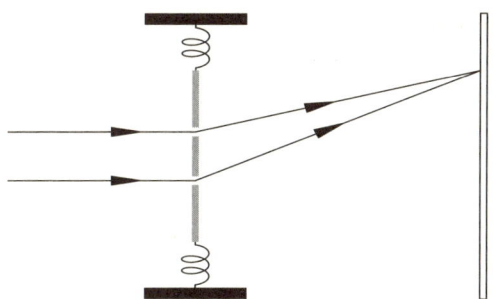

Abb. 23: Einsteins Vorschlag folgend ist der Doppelspalt an Federn aufgehängt, um Information über den Impulsübertrag zu erhalten.

Durch diese Anordnung sollen jetzt nacheinander Elektronen geschickt werden. Im Abschnitt 3.4 hatten wir gesehen, dass sich dann eine Interferenzfigur aufbaut, wenn das Experiment nur lange genug läuft. Mit seinen beiden Federn wollte Einstein nun gleichzeitig noch Information darüber erhalten, durch welchen der beiden Spalte die Elektronen jeweils geflogen sind.

Hierbei wird ausgenutzt, dass die Elektronen zunächst in waagerechter Richtung fliegen, am Doppelspalt aber eine Ablenkung in senkrechter Richtung erfahren. Im Teilchenbild gedacht, bekommen die Elektronen einen Stoß, der mit einem entsprechenden Rückstoß auf den Doppelspalt verknüpft sein muss. Da der Doppelspalt beweglich aufgehängt ist, sollte sich dieser Rückstoß messen lassen.

Will man einen bestimmten Punkt auf dem Schirm erreichen, so zeigt die Abbildung 23, dass die erforderliche Ablenkung davon abhängt, durch welchen Spalt das Elektron geflogen ist. Kennt man also den Auftreffpunkt auf dem Schirm und den Rückstoß auf den Doppelspalt, so kann man sagen, durch welchen Spalt das Elektron geflogen ist. Dabei setzen wir voraus, dass die Stärke des Rückstoßes genau genug bekannt ist, um zwischen den beiden Elektronenwegen in der Abbildung 23 zu unterscheiden. Durch die Wahl festerer oder weicherer Federn kann man einstellen, wie stark der Doppelspalt auf den Rückstoß reagiert. Es ist also prinzipiell möglich, das Gedankenexperiment in Wirklichkeit durchzuführen.

Auf diese Weise kann man gleichzeitig wissen, durch welchen Spalt jedes Elektron geflogen ist, und ein Interferenzmuster beobachten. Das war zumindest Einsteins Idee. Niels Bohr konnte Einsteins Überlegungen jedoch widerlegen. Dabei nutzte er aus, dass auch der Doppelspalt der Heisenbergschen Unschärferelation unterliegt.

Es mag etwas überraschend sein, dass die Unschärferelation auf den Doppelspalt angewandt wird, denn dieser ist nicht gerade ein mikroskopisches Objekt. Andererseits wollen wir seinen Impuls nach dem Stoß mit dem Elektron wissen. Mit einem sehr genau bekannten Impuls in senkrechter Richtung handeln wir uns eine gewisse Unkenntnis des Ortes des Doppelspaltes in dieser Richtung ein. Sicher, diese Ortsunschärfe ist wegen der Kleinheit des Planckschen Wirkungsquants winzig und würde uns normalerweise nicht interessieren.

Allerdings wirkt sich eine kleine Verschiebung des Doppelspaltes auch in einer Verschiebung des Interferenzmusters aus. Rechnet man nun genau nach, so findet man, dass die Ungenauigkeit der Position des Doppelspalts zu einer Verschmierung des Interferenzmusters führt, die gerade dem Abstand zwischen hellen und dunklen Streifen auf dem Schirm entspricht.

Mit anderen Worten: Wenn wir den Weg der Elektronen kennen, können wir kein Interferenzmuster beobachten. Wir haben also die Wahl zwischen dem Teilchenbild, in dem wir den Weg kennen, und dem Wellenbild, das zu Interferenz führt. Die beiden Bilder sind komplementär zueinander, aber man benötigt beide, um dem Elektron wirklich gerecht zu werden. Dieses Konzept der Komplementarität wurde von Niels Bohr anlässlich der eingangs erwähnten Tagung zu Ehren von Alessandro Volta in Como eingeführt.

Allerdings gibt es nicht nur die beiden Extreme: Welle oder Teilchen. Durch Wahl der Federsteifigkeit kann man kontinuierlich zwischen beiden Bildern wechseln. Sind die Federn sehr steif, so kann der Doppelspalt kaum auf den Impulsübertrag reagieren und damit nichts über den Weg des Elektrons verraten. In diesem Falle wird man ein Interferenzmuster beobachten. Macht man die Federn immer weicher, so erhält man immer mehr Information über den Weg, und gleichzeitig wird das Interferenzmuster immer schwächer.

Dieses Beispiel eines Welcher-Weg-Experiments erlaubt also nicht gleichzeitig die vollkommene Bestimmung des Wegs und ein voll ausgeprägtes Interferenzmuster. Natürlich kann man einwenden, dass dies zunächst nur für dieses eine Experiment gilt. Vielleicht muss man es einfach noch etwas geschickter anpacken. Wir betrachten daher einen weiteren Vorschlag, der von Richard Phillips Feynman analysiert wurde.

Dabei stellt man hinter dem Doppelspalt eine Lampe auf. Das vom Elektron gestreute Licht soll uns Aufschluss über den Weg geben. Um aber zwischen den beiden Wegen unterscheiden zu können, benötigt man Licht mit einer sehr kleinen Wellenlänge und damit sehr großer Frequenz. Im Teilchenbild bedeutet dies, dass die Photonen einen sehr großen Impuls besitzen und bei der Streuung das Elektron durch den Rückstoß sehr stark aus seiner Bahn ablenken. Damit wird jedoch das Interferenzmuster zerstört.

Tatsächlich kennt man bis heute kein Experiment, das es erlauben würde, Information über den Weg zu bekommen, ohne die Interferenz zu schwächen oder ganz zu zerstören, und man kann davon ausgehen, dass es ein solches Experiment auch nicht gibt.

Allerdings kam im Jahr 1991 noch einmal etwas Bewegung in die Sache, als Marlan O. Scully, Berthold-Georg Englert und Herbert Walther eine neue Art von Welcher-Weg-Experimenten vorschlugen. Wie die drei Physiker zeigen konnten, ist nicht immer die Unschärferelation für das Verschwinden des Interferenzmusters bei Messung des Weges verantwortlich.

7.2 Ein Atom hinterlässt eine Botschaft

Es ist charakteristisch für die beiden Experimente, die wir gerade besprochen haben, dass die Bestimmung des Weges über den Impuls des Elektrons vonstatten geht. Bei Einstein kam es zu einem Impulsübertrag zwischen Elektron und Doppelspalt und bei Feynman gab es einen Impulsübertrag zwischen Elektron und Photon. In beiden Fällen spielte auch der Ort eine Rolle. Bei Einstein war es die senkrechte Position des Doppelspaltes und damit des Interferenzmusters. Bei Feynman wird der Impuls des Elektrons und damit sein Auftreffpunkt auf dem Schirm durch den Stoß mit dem Photon verändert. Dadurch kommt in beiden Fällen die Heisenbergsche Unschärferelation in natürlicher Weise ins Spiel.

Will man die Unschärferelation umgehen, so muss man eine andere Möglichkeit finden, um den Weg des Elektrons zu bestimmen. Man kann sich zum Beispiel daran erinnern, dass ein Atom auch noch eine innere Energiestruktur besitzt, wie wir sie in Abschnitt 4.4 besprochen haben. In Zusammenhang mit der Atomuhr in Abschnitt 4.6 hatten wir die Zustände des Atoms auf zwei reduziert und damit werden wir auch hier auskommen.

Die Idee von Scully, Englert und Walther besteht nun darin, ein Interferenzexperiment mit Atomen anstatt mit Elektronen durchzuführen. Dazu werden, wie schon bei der Atomuhr, die Atome anfänglich im oberen der beiden Energiezustände präpariert. Unter normalen Umständen sei dieser Zustand so stabil, dass die Atome während der gesamten Dauer des Interferenzexperiments in diesem Zustand bleiben.

Um den Weg der Atome zu bestimmen, stellt man vor die beiden Spalte jeweils einen Resonator. Sind diese richtig konstruiert, so kann man dafür sorgen, dass das Atom beim Durchqueren eines Resonators mit Sicherheit vom oberen in den unteren Zustand übergeht. Dabei verliert das Atom Energie, die in Form eines Photons im Resonator zurückbleibt. Damit hat das Atom Information über seinen Weg hinterlassen. Nachdem das Atom den anschließenden Doppelspalt durchquert hat, kann man nachsehen, in welchem Resonator sich das Photon befindet. Kann man damit gleichzeitig Interferenz und Information über den Weg erhalten?

In diesem Fall sorgt die Heisenbergsche Unschärferelation nicht mehr für das Verschwinden des Interferenzmusters. Dennoch kann man kein Interferenzmuster beobachten. Der Grund ist, dass hier ein verschränkter Zustand erzeugt wird. Wir hatten solche Zustände bereits in Kapitel 6 kennen gelernt. Dort waren zwei Photonen in einem verschränkten Zustand, der aus einer Überlagerung zweier Zustände bestand, in denen die Photonen jeweils verschiedene Polarisation besaßen.

Der verschränkte Zustand, der uns jetzt interessiert, beschreibt statt zwei Photonen ein Atom und ein Photon. Bei einem der beiden Zustände, die hier überlagert werden, nimmt das Atom den oberen Weg und das Photon befindet sich entsprechend im oberen Resonator. Im zweiten Zustand nimmt das Atom den unteren Weg und das Photon befindet sich im unteren Resonator. Diese beiden Zustände, also der jeweilige Gesamtzustand von Atom und Photon, werden nun überlagert. Da aber die beiden Photonenzustände räumlich voneinander getrennt sind, können sie nicht miteinander interferieren und damit läßt sich auch für das Atom kein Interferenzmuster beobachten.

Allgemein gibt es nur dann Interferenz, wenn dem Atom oder Elektron mehrere Wege zur Verfügung stehen, zwischen denen man nicht unterscheiden kann. Wird der Weg in irgendeiner Weise bestimmt, so sind die beiden Wege unterscheidbar, und die Interferenz wird unterdrückt. Interessant ist dabei, dass es überhaupt nicht wichtig ist nachzusehen, welchen Weg das Teilchen genommen hat. Entscheidend ist nur, dass die Information darüber zumindest im Prinzip vorhanden ist. Schon das reicht aus, um die Gleichberechtigung der verschiedenen Wege zu zerstören.

Die Unterdrückung von Interferenz durch Bestimmung des Weges wurde von Serge Haroche und seinen Mitarbeitern demonstriert. Dabei handelt es sich um eine Erweiterung des Experiments, das wir im Abschnitt 4.7 im Zusammenhang mit unseren Überlegungen zur Atomuhr kennen gelernt hatten.

Es ist nützlich, sich noch einmal die Idee des Experiments in Erinnerung zu rufen, soweit es hier von Bedeutung ist. Der Aufbau ist in Abbildung 11 a auf Seite 67 dargestellt. Atome, die sich zunächst in einem von zwei Energiezuständen befinden, werden in eine Überlagerung von zwei Zuständen gebracht. Diese Überlagerung liegt zwischen den Punkten B und C in Abbildung 11a vor. Im Gegensatz zum Doppelspaltexperiment nehmen alle Atome den gleichen Weg. Sie befinden sich jedoch in Zuständen verschiedener Energie.

Um ein Welcher-Weg-Experiment im übertragenen Sinne durchzuführen, muss man also zwischen B und C bestimmen, in welchem Zustand sich die Atome befinden. Dabei darf allerdings die Überlagerung der beiden Atomzustände nicht gestört werden. Anschließend muss man dann hinter dem Punkt D erneut den Atomzustand messen, um eine Interferenzfigur wie in Abbildung 12 zu erhalten. Die Frage ist, inwieweit die Welcher-Weg-Messung das Interferenzmuster, also die Amplitude der Oszillation in Abbildung 12, beeinflusst.

Die Information über den Atomzustand lässt sich erhalten, indem man zwischen B und C einen weiteren Resonator einbaut. Darin soll ein elektromagnetisches Feld gespeichert sein, das im Experiment etwa zehn Photonen enthielt. Bevor wir auf die Wechselwirkung zwischen den Atomen und Photonen zu sprechen kommen, müssen wir zunächst die Situation betrachten, in der sich die Photonen befinden, ohne dass Atome den Resonator durchqueren.

Dazu rufen wir uns eine Überlegung aus dem Kapitel 5 in Erinnerung. Dort hatten wir einen harmonischen Oszillator im Grundzustand betrachtet. In Abbildung 14 auf Seite 75 war dieser Zustand mit seinen Quantenfluktuationen als Punktehaufen dargestellt. Der Mittelpunkt dieser Verteilung gab an, dass Ort und Impuls im Mittel gleich Null sind. Auf ein elektromagnetisches Feld übertragen, heißt das, dass im Mittel kein elektrisches Feld vorliegt. Dies entspricht in unserem Fall einem Resonator ohne Photonen.

In Anwesenheit von Photonen existiert im Resonator ein elektrisches Feld. Die Scheibe in Abbildung 14 muss daher aus dem Ursprung verschoben werden. Da das Feld entsprechend seiner Frequenz als Funktion der Zeit oszilliert, wird die Scheibe, gewissermaßen wie ein Uhrzeiger, auf einem Kreis

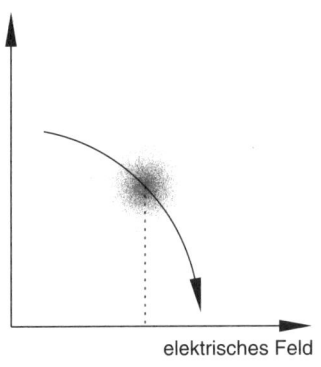

elektrisches Feld

Abb. 24: Der Zustand des elektromagnetischen Feldes ist mit seinen Quantenfluktuationen durch den Punktehaufen dargestellt, der sich im Uhrzeigersinn bewegt. Entsprechend führt das mittlere elektrische Feld, dessen Wert durch die gestrichelte Linie angedeutet ist, eine Schwingung aus.

um den Ursprung laufen. Wir erhalten damit die in Abbildung 24 gezeigte Situation.

Pro Periode der Schwingung des Feldes macht die Scheibe einen Umlauf. Die Umlaufgeschwindigkeit wird allerdings durch Atome, die den Resonator durchqueren, beeinflusst, und zwar abhängig vom Zustand des Atoms verschieden stark. Das elektrische Feld im Resonator spielt also die Rolle des Zeigers eines Messgeräts, das uns anzeigt, in welchem Zustand das Atom den Resonator durchquert hat. Im elektrischen Feld ist damit die Information über den „Weg" gespeichert.

Das Ergebnis der Messungen von Serge Haroche und seinen Mitarbeitern ist in Abbildung 25 zu sehen. Die grauen und schwarzen Scheiben auf der rechten Seite entsprechen jeweils unserem Punktehaufen in der Abbildung 24. Aus der Position dieser Zeiger kann man entsprechend unserer Überlegung ablesen, in welchem Zustand das Atom den Resonator durchquert hat.

Im obersten Fall ist der Unterschied im Zeigerausschlag so klein, dass es uns die Quantenfluktuationen kaum erlauben, zwischen den beiden Atomzuständen zu unterscheiden. Ganz

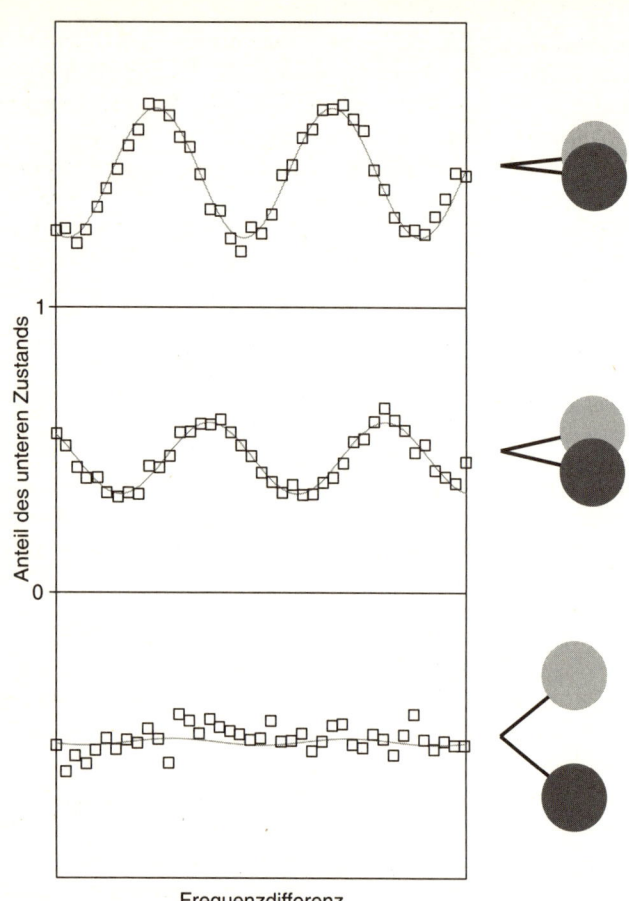

Abb. 25: Interferenz wird durch Messung des Weges unterdrückt. Von oben nach unten nimmt die Information über den Weg zu. Die Daten wurden von der Gruppe um Serge Haroche gemessen.[4]

unten erhält man jedoch genaue Information darüber, in welchem Zustand das Atom den Resonator durchquert hat. Die Güte der Welcher-Weg-Messung lässt sich in diesem Experiment also einstellen.

Was erwarten wir nun für das Interferenzmuster? Je besser die Information über den Weg, desto schwächer sollte das Interferenzmuster sichtbar sein. Dies ist in der Tat der Fall. Im obersten Fall ist die Schwingungsamplitude noch recht groß, im mittleren Bild ist sie schon kleiner und im untersten Bild ist sie kaum mehr zu sehen.

Das Experiment bestätigt also, dass Welcher-Weg-Information und Interferenz, also Teilchen- und Welleneigenschaften, zueinander komplementär sind. Wir wollen noch betonen, dass sich die Experimentatoren nicht für die Photonen im mittleren Resonator interessiert haben. Es genügt also, dass dort im Prinzip die Information über den Weg vorhanden ist, um die Interferenz zu zerstören. Der Experimentator muss diese Information dazu nicht unbedingt besitzen.

7.3 Der Quantenradiergummi

Wenn es tatsächlich so ist, dass bereits das bloße Vorhandensein von Welcher-Weg-Information genügt, um Interferenz zu verhindern, ergibt sich eine interessante Frage: Kann man das Interferenzmuster wiederherstellen, indem man die Information über den Weg ausradiert? In unseren bisherigen Überlegungen hatten wir ja bereits zu Beginn des Experiments festgelegt, wie genau wir den Weg bestimmen wollen. Können wir nachträglich, also nachdem die Atome den Doppelspalt oder das Ramsey-Interferometer durchquert haben, noch festlegen, ob wir den Weg bestimmen oder nicht? Geht das vielleicht sogar, nachdem wir die Messung an den Atomen bereits durchgeführt haben? In diesem Fall würden wir zunächst kein Interferenzmuster finden. Durch Ausradieren der Welcher-Weg-Information müsste sich dann doch noch ein Interferenzmuster ergeben. Was zunächst reichlich merkwürdig klingt, entpuppt sich als möglich und letztendlich gar nicht so merkwürdig.

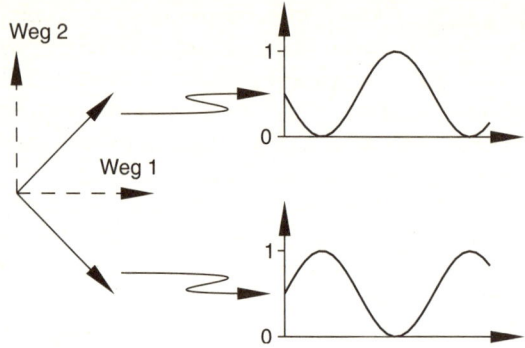

Abb. 26: Die Information über den Weg lässt sich ausradieren, indem die Polarisation in einer um 45 Grad verdrehten Richtung gemessen wird. Sortiert man entsprechend dem Messergebnis, so erhält man zwei zueinander komplementäre Interferenzmuster.

Um zu verstehen, wie das Ausradieren von Information über den Weg vor sich geht, stellen wir uns vor, dass es wieder zwei mögliche Wege gibt. Die Information über den Weg soll im Gegensatz zu den bisher diskutierten Beispielen in der Polarisation eines Photons gespeichert sein, die wir ja schon in Kapitel 6 ausführlich kennen gelernt hatten.

Ein waagerecht polarisiertes Photon soll den ersten Weg und ein senkrecht polarisiertes Photon den zweiten Weg bedeuten. Diese beiden Polarisationsrichtungen sind in Abbildung 26 als gestrichelte Pfeile angedeutet. Die in dieser Polarisation vorhandene Information lässt sich unwiederbringlich vernichten, wenn man die Polarisationsmessung in einer um 45 Grad gedrehten Richtung vornimmt, also in Richtung der durchgezogenen Pfeile.

Wie wir uns schon auf Seite 88 überlegt hatten, kann dann ein waagerecht oder senkrecht polarisiertes Photon gerade in der Hälfte der Fälle das Polarisationsfilter passieren. Aus der Tatsache, dass ein Photon das Filter passiert oder reflektiert wird, können wir keine Information darüber gewinnen, ob das Photon waagerecht oder senkrecht polarisiert war und damit, welchen Weg das Teilchen einmal genommen hatte.

114

Außerdem ist das Photon jetzt entsprechend der Stellung des Filters und des Messergebnisses polarisiert. Seine ursprüngliche Polarisation und damit die Information über den Weg ist somit verloren gegangen. Wenn die Information über den Weg zerstört ist, sollte wieder ein Interferenzmuster beobachtbar sein, wie es rechts in der Abbildung 26 angedeutet ist.

Wie kann aber dieses Interferenzmuster entstehen? Man könnte sich doch vorstellen, dass jedes Photon, das den Weg eines Elektrons oder Atoms registriert, zunächst gewissermaßen beiseite gelegt wird, um es später eventuell zu untersuchen. Insbesondere könnte man mit der Entscheidung über die Vernichtung der Welcher-Weg-Information warten, bis das Elektron oder Atom den Doppelspalt durchquert hat oder gar, bis das Teilchen nachgewiesen wurde. Es kann nicht sein, dass sich dann plötzlich ein Interferenzmuster ergibt, wo zunächst keines war. Dennoch gilt auch für solche Experimente mit „verzögerter Wahl", dass entscheidend ist, ob im Prinzip Information über den Weg verfügbar ist.

Tatsächlich kann man das Interferenzmuster nur durch geeignete Auswertung rekonstruieren. Dazu muss man sich merken, wo jedes Teilchen auf dem Schirm nachgewiesen wurde und welches Photon die Information über den Weg dieses Teilchens enthält. Vernichtet man nun die Welcher-Weg-Information durch Messung der Polarisation in Richtung der durchgezogenen Pfeile in Abbildung 26, so erhält man eines von zwei möglichen Messergebnissen. Entweder zeigt die Polarisation nach rechts oben oder nach rechts unten. Mit Hilfe dieses Ergebnisses kann man die Teilchen in zwei Gruppen einteilen. Wie die Abbildung andeutet, erhält man auf diese Weise für jede der Gruppen ein Interferenzmuster.

Ohne diese Auswertung kann man die Teilchen auf dem Schirm jedoch nicht unterscheiden und erhält daher die Summe der beiden Interferenzmuster. Wie Abbildung 26 zeigt, fallen Minima des einen Interferenzmusters auf Maxima des anderen und umgekehrt. In der Summe gibt es keine Oszillation mehr. Unterscheidet man die beiden Teilchengruppen nicht, so kann man daher auch kein Interferenzmuster beobachten.

Experimente, die entsprechend dieser Idee durchgeführt wurden, haben tatsächlich das beschriebene Ergebnis gezeigt. Sobald Information über den Weg vorhanden ist, wird die Interferenz unterdrückt. Wird diese Information vernichtet, so gibt es Möglichkeiten, sich das Interferenzmuster wieder zu beschaffen. Man kann also den Weg kennen oder Interferenz beobachten oder beides ein bisschen. Es ist jedoch auf keinen Fall möglich, den Weg genau zu kennen und gleichzeitig ein perfektes Interferenzmuster zu beobachten.

8. Von der mikroskopischen zur makroskopischen Welt

Durch die Arbeit von Einstein, Podolsky und Rosen, die uns in Kapitel 6 lange beschäftigt hat, sah sich Erwin Schrödinger 1935 zu einer Generalbeichte, wie er es nannte, veranlasst. Sein Aufsatz mit dem Titel „Die gegenwärtige Situation in der Quantenmechanik" erschien in drei Teilen in der Zeitschrift *Die Naturwissenschaften*. Darin beschreibt Schrödinger folgende Situation: „Man kann auch ganz burleske Fälle konstruieren. Eine Katze wird in eine Stahlkammer gesperrt, zusammen mit folgender Höllenmaschine (die man gegen den direkten Zugriff der Katze sichern muß): in einem GEIGER-schen Zählrohr befindet sich eine winzige Menge radioaktiver Substanz, *so* wenig, daß im Lauf einer Stunde *vielleicht* eines von den Atomen zerfällt, ebenso wahrscheinlich aber auch keines; geschieht es, so spricht das Zählrohr an und betätigt über ein Relais ein Hämmerchen, das ein Kölbchen mit Blausäure zertrümmert. Hat man dieses ganze System eine Stunde lang sich selbst überlassen, so wird man sich sagen, daß die Katze noch lebt, *wenn* inzwischen kein Atom zerfallen ist. Der erste Atomzerfall würde sie vergiftet haben. Die ψ-Funktion des ganzen Systems würde das so zum Ausdruck bringen, daß in ihr die lebende und die tote Katze (s. v. v.) zu gleichen Teilen gemischt oder verschmiert sind."[5]

Diese drastische Schilderung ist sicherlich geeignet, Tierschützer auf den Plan zu rufen. Deshalb sei gleich betont, dass es hier nicht darum geht, Katzen nach dem Leben zu trachten. John Bell gab eine etwas harmlosere Variante dieses so genannten Schrödingerschen Katzenparadoxons. Bei ihm zertrümmert das Hämmerchen kein Kölbchen mit Blausäure, sondern eine Milchflasche. Statt einer toten Katze hätten wir dann eine satte Katze, die mit einer hungrigen Katze, nach Schrödingers Worten, zu gleichen Teilen gemischt oder verschmiert ist. Aber auch Bells Variante wird wohl für immer nur ein Gedankenexperiment bleiben.

Worauf will Schrödinger mit seiner Katzengeschichte hinaus? Wir haben in den bisherigen Kapiteln immer wieder Bekanntschaft mit der Überlagerung von Zuständen gemacht. Eine Konsequenz davon waren Interferenzerscheinungen, wie sie Davisson und Germer schon 1927 für Elektronen beobachtet hatten. Seitdem hat man Interferenz für immer schwerere und größere Systeme nachgewiesen, von Neutronen über Atome bis hin zu den schon recht großen Fullerenmolekülen.

Andererseits hat man für makroskopische Objekte wie Katzen, um bei Schrödingers Beispiel zu bleiben, noch nie eine Überlagerung von zwei Zuständen beobachtet – eine Katze ist entweder tot oder lebendig, hungrig oder satt. Es sieht also so aus, als gäbe es in der mikroskopischen Welt sehr viel mehr mögliche Zustände als in der makroskopischen Welt. Muss man also zwischen mikroskopischen und makroskopischen Objekten unterscheiden und wenn ja, wo muss man die Grenze ziehen? Oder gibt es gar keine scharfe Grenze? In diesem Fall muss man erklären, wieso es für makroskopische Objekte schwierig oder gar unmöglich ist, Überlagerungen von Zuständen zu beobachten.

8.1 Rein oder Gemisch?

Eine wesentliche Eigenschaft der Überlagerung von zwei oder mehr Zuständen ist die Fähigkeit zur Interferenz. Beim Doppelspaltversuch setzte sich der Gesamtzustand aus Wellen zusammen, die jeweils durch einen der beiden Spalte liefen. Beim Ramsey-Interferometer handelte es sich dagegen um die Überlagerung von zwei energetisch verschiedenen Zuständen. Entscheidend ist dabei, dass sich der Zustand jedes einzelnen Teilchens durch eine Überlagerung ergibt.

Hiervon muss man die Situation unterscheiden, in der sich von vielen Teilchen jedes in genau einem von mehreren möglichen Zuständen befindet. Wir wollen dies am Beispiel des Doppelspalts verdeutlichen. Von einem Teilchenstrahl lassen wir je die Hälfte der Teilchen durch den oberen und den unteren Spalt fliegen. Da in diesem Fall jedes Teilchen nur durch einen Spalt fliegt, kommt es höchstens zu Beugungserscheinungen, wie wir sie von Abbildung 3 in Abschnitt 3.2 kennen. Entsprechend wären auf dem Schirm nur zwei Flecke zu beobachten, je einer in der Verlängerung hinter den beiden Spalten. In diesem Fall tritt also kein Interferenzmuster auf.

Da hier gewissermaßen eine Mischung von Teilchen in verschiedenen Zuständen vorliegt, spricht man in diesem Zusammenhang von einem Gemisch. Dagegen bezeichnet man einen Zustand, in dem sich jedes Teilchen in einer Überlagerung befindet, als reinen Zustand. Gemisch und reiner Zustand unterscheiden sich auch darin, wie gut uns der Zustand der Teilchen bekannt ist. Während wir diesen im Fall eines reinen Zustands perfekt kennen, können wir bei einem Gemisch den Zustand eines Teilchens nur mit einer gewissen Wahrscheinlichkeit angeben. In diesem Fall haben wir also weniger Information über den Zustand jedes einzelnen Teilchens.

Gemische sind in der makroskopischen Welt nichts Ungewöhnliches. Dazu betrachten wir nochmals Schrödingers Katzenexperiment und stellen uns vor, dass wir dieses Experiment sehr oft in gleicher Weise durchführen. Wir wollen immer die gleiche Zeit verstreichen lassen, bevor wir nachsehen, ob die Katze noch lebt. Da der Zerfall eines radioaktiven Atomkerns bis zu diesem Zeitpunkt nur mit einer gewissen Wahrscheinlichkeit erfolgt ist, werden einige Katzen noch leben und andere schon tot sein. Wir hätten damit entsprechend dem gerade eingeführten Sprachgebrauch ein Gemisch von Katzen vorliegen.

Es widerspricht dagegen unseren klassischen Vorstellungen, dass sich jede dieser Katzen in einem reinen Zustand befindet, der aus einer Überlagerung von lebendiger und toter Katze besteht. Dabei ist allerdings zu bedenken, dass es gar nicht so einfach festzustellen ist, ob sich die Katzen in einer Überlagerung befunden haben. Wie wir am Beispiel von polarisierten Photonen gesehen haben, kann eine Messung in der Quantentheorie den Zustand verändern. Es wäre also immerhin denkbar, dass die Katzen durch unsere Messung von einer Überlagerung entweder in den Zustand tot oder in den Zustand lebendig gebracht werden.

Dieses Szenario ist jedoch nicht sehr plausibel, da sich die Katzen wohl auch ohne unser Zutun in einem der beiden Zustände tot oder lebendig befinden. Wie kommt es aber, dass Katzen oder auch irgendwelche anderen makroskopischen Objekte nur als Gemisch vorkommen können, obwohl doch die Quantentheorie eine viel größere Vielfalt von Zuständen zulassen würde?

8.2 Der Einfluss der Umgebung

Den Schlüssel zur Antwort auf diese Frage liefert uns Kapitel 7. Dort hatten wir gesehen, dass die Interferenz beim Doppelspaltversuch zerstört wird, wenn Information über den Weg vorliegt, den das Teilchen nimmt. Ignoriert man die Weginformation und interessiert sich nur für das Teilchen selbst, so geht dieses tatsächlich von einem reinen Zustand in ein Gemisch über. Der Grund liegt in der Verschränkung des Zustands des Teilchens mit dem Zustand, der den Weg anzeigt.

Durch die Verschränkung ist der Zustand des Teilchens, das uns interessiert, nicht mehr unabhängig von anderen Teilchen. Wenn wir diese jedoch ignorieren, so verlieren wir Information über den Zustand unseres Teilchens. Damit kann es nicht mehr durch einen reinen Zustand beschrieben werden, sondern nur noch durch ein Gemisch.

Betrachten wir als Beispiel das verschränkte Photonenpaar aus Abschnitt 6.2. Auf Seite 90 hatten wir gefunden, dass die Polarisation eines Photons für sich genommen unbestimmt ist. Damit kann sich das Photon nicht in einem reinen Zustand befinden, da dieser durch eine Polarisation charakterisiert wäre. Vielmehr wird das Photon durch ein Gemisch beschrieben, das jeweils zur Hälfte aus waagerecht und senkrecht polarisierten Photonen besteht.

Wir bringen nun unser System, also das uns interessierende Teilchen oder vielleicht auch eine Katze, in eine Überlagerung von Zuständen. Solange es uns gelingt, dieses System vom Rest der Welt abzukoppeln, bleibt diese Überlagerung erhalten. Während diese Abkopplung bei mikroskopischen Systemen noch einigermaßen gut möglich ist, wird sie bei makroskopischen Systemen nur schwer gelingen.

Dabei heißt, eine Katze vom Rest der Welt abzukoppeln, nicht einfach, sie in einen Käfig einzusperren. Wenn wir eine Chance haben wollen, dass die Katze in einer Überlagerung von tot und lebendig existiert, muss der Käfig wenigstens Luft enthalten. Die Luftmoleküle treffen bei ihrer Bewegung jedoch auf die Katze und werden an ihr reflektiert. Bei dieser Wechselwirkung findet eine Verschränkung des Zustands der Katze und der Luftmoleküle statt. Dies ist allerdings nur eine von vielen Möglichkeiten, wie der Zustand der Katze mit seiner Umgebung verschränkt wird.

Je makroskopischer ein System ist, desto anfälliger ist es im Allgemeinen gegen Verschränkung mit seiner Umgebung. Selbst wenn es gelingt, Gegenstände des täglichen Lebens in eine Überlagerung von zwei oder mehr Zuständen zu bringen, würde die Ankopplung an die Umgebung daraus sehr schnell ein Gemisch machen. Diesen Übergang von einem reinen Zustand in ein Gemisch bezeichnet man auch als Dekohärenz.

Aus diesen Überlegungen folgt, dass es keine scharfe Grenze zwischen der mikroskopischen und der makroskopischen Welt gibt. Wie wichtig die Quanteneigenschaften eines Systems sind, hängt entscheidend damit zusammen, wie gut das System von seiner Umgebung entkoppelt ist.

8.3 Schrödingers Kätzchen

Will man diese Überlegungen experimentell bestätigen, so ist es wohl sinnlos, dazu eine Katze zu verwenden. Selbst wenn es gelingen würde, die Katze in eine Überlagerung der Zustände tot und lebendig zu bringen, wäre diese Überlagerung praktisch sofort wieder zerstört.

Lange hatten die Überlegungen Schrödingers, die wir eingangs zitiert haben, den Status eines Gedankenexperiments.

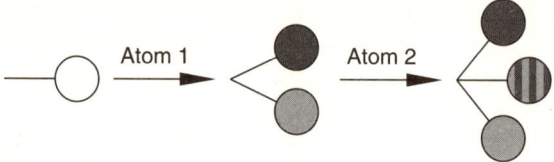

Abb. 27: Das erste Atom präpariert Schrödingers Kätzchen und das zweite Atom testet nach einer gewissen Zeit die verbliebene Interferenzfähigkeit.

Erst vor wenigen Jahren gelang es zum ersten Mal, den zeitlichen Ablauf der Dekohärenz zu beobachten. Darüber hinaus konnte gezeigt werden, dass dieser Vorgang tatsächlich umso schneller verläuft, je makroskopischer der Zustand ist.

Serge Haroche und seine Mitarbeiter haben Überlagerungen von Zuständen betrachtet, die aus nur wenigen Photonen bestanden. Es handelt sich im übertragenen Sinn also eher um Kätzchen als um ausgewachsene Katzen. Aber selbst für diese noch recht mikroskopischen Zustände findet die Dekohärenz innerhalb von nur etwa einer zehntausendstel Sekunde statt.

Das Experiment, das wir in Abschnitt 7.2 beschrieben haben, stellt für diese Untersuchungen den ersten Schritt dar. Entsprechend unseren dortigen Überlegungen wird das Atom, das sich in einer Überlagerung zweier energetisch verschiedener Zustände befindet, beim Durchfliegen eines Resonators mit dem darin befindlichen Feld verschränkt. Misst man am Ende den Zustand des Atoms, so verbleibt im Resonator eine Überlagerung von zwei Feldzuständen, wie sie in Abbildung 25 rechts symbolisch dargestellt ist. Diese Präparation des elektromagnetischen Feldes durch das erste Atom ist im linken Teil der Abbildung 27 nochmals dargestellt.

Inwieweit die beiden durch die grauen und schwarzen Scheiben symbolisierten Feldzustände noch miteinander interferieren können, kann man mit Hilfe eines zweiten Atoms testen, das man durch den Resonator schickt. Genauso wie das erste Atom den Feldzustand abhängig vom atomaren Zustand nach

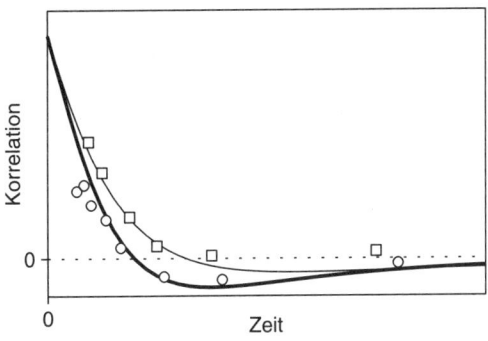

Abb. 28: Die Dekohärenz als Funktion der Zeit ist für einen Zustand mit im Mittel etwas mehr als drei Photonen (Quadrate) und fünf bis sechs Photonen (Kreise) dargestellt. Der Zerfall erfolgt hier innerhalb etwa einer zehntausendstel Sekunde und umso schneller, je makroskopischer der Zustand ist.[4]

oben oder nach unten gedreht hat, geschieht dies auch beim zweiten Atom. Dadurch werden zwei Feldzustände zur Deckung gebracht. Dies ist in Abbildung 27 durch die grau und schwarz gestreifte Scheibe angedeutet.

Anhand von Korrelationen zwischen dem gemessenen Zustand des ersten und des zweiten Atoms lässt sich nun eine Aussage darüber machen, inwieweit die beiden Feldzustände noch interferieren können. Man hat damit ein Maß dafür, wie weit die Dekohärenz fortgeschritten ist. Variiert man den zeitlichen Abstand zwischen den beiden Atomen, so kann man den Übergang von einem reinen Zustand in ein Gemisch als Funktion der Zeit messen.

Abbildung 28 zeigt experimentelle Resultate. Die Quadrate symbolisieren Messpunkte für einen Zustand mit im Mittel etwas mehr als drei Photonen, während die Kreise zu einem Zustand mit fünf bis sechs Photonen gehören. Tatsächlich verläuft die Dekohärenz bei dem zweiten Zustand schneller, da dieser mehr Photonen enthält und damit makroskopischer ist. Für eine große Zahl von Photonen würde die Dekohärenz praktisch augenblicklich verlaufen und man könnte daher nur ein Gemisch beobachten.

Die Grenze zwischen der mikroskopischen und der makroskopischen Welt ist demnach nicht scharf zu ziehen. Für Objekte des täglichen Lebens ist Dekohärenz jedoch ein so rasend schneller Vorgang, dass von der Vielfalt der in der Quantentheorie möglichen Zustände nur die Gemische übrig bleiben.

Quellenverweise und Literatur

1. I. Newton, *Optik oder Abhandlung über Spiegelungen, Brechungen, Beugungen und Farben des Lichts*, Ostwalds Klassiker der exakten Naturwissenschaften, Band 96 (Verlag Harri Deutsch, 1996), S. 121 f.

2. C. Huyghens, *Abhandlung über das Licht*, Ostwalds Klassiker der exakten Naturwissenschaften, Band 20 (Verlag Harri Deutsch, 1996), S. 11

3. W. Heisenberg, *Der Teil und das Ganze* (dtv, 1976), S. 78

4. Die Abbildungen 12, 25 und 28 basieren auf Daten, die Grafiken auf den Webseiten des Laboratoire Kastler Brossel in Paris (http://www.lkb.ens.fr) entnommen wurden. Die Verwendung dieser Daten erfolgte mit freundlicher Genehmigung durch Serge Haroche.

5. E. Schrödinger, *Die Naturwissenschaften*, Bd. 23 (1935), S. 807

Beim Erscheinen dieses Buches behandeln folgende Bände aus der Reihe C. H. Beck Wissen ebenfalls Aspekte der Quantentheorie:

Klaus Mainzer, *Zeit*, Kapitel IV
Klaus Mainzer, *Materie*, Kapitel IV
Horst Weber, *Laser*, vor allem Kapitel 1 und 2
Dieter B. Hermann, *Antimaterie*, vor allem Kapitel I und III
Thomas Walther und Herbert Walther, *Was ist Licht?*, vor allem Kapitel 1, 2 und 4

Auflösung von Seite 49:

Dividiert man 6562.1, 4860.74, 4340.1 und 4101.2 jeweils durch 3645.6, so lassen sich die Ergebnisse sehr gut durch folgende Brüche darstellen: $9/5$, $4/3$, $25/21$ und $9/8$. Wie Balmer im Band 25 der *Annalen der Physik und Chemie* von 1885 in seinem Aufsatz ab Seite 80 zeigt, lassen sich diese Brüche als $m^2/(m^2-2^2)$ darstellen, wobei m die Werte 3, 4, 5 und 6 annimmt. Beispielsweise findet man für $m=4$: $16/(16-4)=16/12=4/3$. In seiner Arbeit hat Balmer übrigens auch gleich die richtige Verallgemeinerung dieser Formel für andere Spektrallinien des Wasserstoffs angegeben.

Register